Midjourney + Stable Diffusion

AIGC 创意设计与插画绘制实操

汤超 孙文博 / 编著

清华大学出版社
北 京

内 容 简 介

本书结合时代发展潮流,全面讲解了当今人工智能(AI)绘画设计领域的"领头羊"——Midjourney与Stable Diffusion的使用方法,并为创作者提供了AI在视觉传达与新媒体相关领域的应用思路。

本书详细介绍了Midjourney和Stable Diffusion两款AI设计软件的使用方法与创作技巧。前6章介绍Midjourney的使用及创意设计案例;第7~10章阐述Stable Diffusion的参数和使用方法。第11章通过多个综合案例展示两款软件在设计创作中的无限潜力。

本书不仅适合希望借助AI软件提高工作效率与质量的专业人士,也适合作为开设了AI软件应用或探索相关课程的学院或培训机构的教材。

图书在版编目(CIP)数据

Midjourney+Stable Diffusion AIGC创意设计与插画绘制实操 / 汤超, 孙文博编著.
北京:清华大学出版社, 2025. 2. -- ISBN 978-7-302-68369-8
Ⅰ. TP391.413
中国国家版本馆CIP数据核字第2025V5T897号

责任编辑:陈绿春
封面设计:潘国文
责任校对:徐俊伟
责任印制:杨 艳

出版发行:清华大学出版社
　　　　　网　　　　址:https://www.tup.com.cn, https://www.wqxuetang.com
　　　　　地　　　　址:北京清华大学学研大厦A座　　　邮　编:100084
　　　　　社　总　机:010-83470000　　　　　　　　　邮　购:010-62786544
　　　　　投稿与读者服务:010-62776969, c-service@tup.tsinghua.edu.cn
　　　　　质　量　反　馈:010-62772015, zhiliang@tup.tsinghua.edu.cn
印　装　者:三河市君旺印务有限公司
经　　销:全国新华书店
开　　本:188mm×260mm　　印　张:12.75　　字　数:386千字
版　　次:2025年4月第1版　　　　　　　　印　次:2025年4月第1次印刷
定　　价:89.00元

产品编号:105697-01

PREFACE 前言

在过去的两年时间内，Midjourney 从 V4 升级到 V6 版本，Stable Diffusion 也在今年更新到了 3.0 版本。设计圈有句老话叫"设计是有目的的创作行为"，而随着 AI 产品生产力的提升和可控性的增强，AI 的相关劣势正逐渐消失。AI 在设计相关行业中的使用比重越来越大，这已成为一个不可逆转的趋势。

在当前行业环境下，掌握诸如 Midjourney 和 Stable Diffusion 等 AI 设计软件已成为行业从业者的共识。随着 AI 技术的发展更新，我们迎来了一个"人人都是设计师"的新时代。即使没有深厚的美术功底，普通人也能通过运用这些先进的 AI 设计软件，轻松涉足设计创作相关行业，展现自己的才华和创意。

本书是一本全面讲解 Midjourney 与 Stable Diffusion 使用方法与创作技巧的专业技术类书籍。下面是本书的基本内容介绍。

本书第 1 章和第 2 章主要介绍了 Midjourney 的基本使用方法，涵盖了常用的命令、参数的使用方法以及提示词的撰写规范。第 3 章和第 4 章深入讲解了如何控制画面的构图和组成元素来进行创作，并提供了一些生动的演示案例。这些知识不仅有助于在 Midjourney 中生成更具美感的图像，还是艺术创作的共性基础，可广泛应用于其他工作领域。第 5 章则重点展示了 Midjourney 强大的创意设计能力，详细阐述了如何利用 Midjourney 来设计珠宝、数码产品、菜单版面、图标、箱包、鞋袜、服装以及室内外装饰方案等。第 6 章专门介绍了 Midjourney 在广告创意制作方面的应用。而本书的第 7~10 章则对 Stable Diffusion 的各项参数及使用方法进行了详细讲解。最后，第 11 章作为本书的综合案例章节，通过 18 个生动的案例，全面展示了照片素材生成、插画绘制、产品设计、视频生成以及电商图制作等方面的内容。

由于篇幅限制，笔者无法在本书中展示更多使用 AI 软件进行创作的案例，但只要各位读者掌握了本书所讲解的相关软件参数以及各个案例的操作流程与参数设置思路，就不难举一反三，创作出更多优秀的 AI 作品。

另外，必须指出的是，当前 AI 软件的发展迭代速度极快。本书的部分内容可能会在未来的一年甚至半年内因版本更新而发生变化。因此，希望各位读者在阅读时保持一种开放思维，既要吸收书中的有用信息和知识，也要意识到为了获得更及时的资讯，必须从更新速度更快的渠道获取信息。例如，可以搜索并关注笔者的微信公众号"好机友摄影视频拍摄与 AIGC"，或者添加本书交流微信号 SYAHZLM88 与笔者团队进行在线沟通交流。

本书写作中汤超承担 12 万字，剩下的字数孙文博承担。

若想获得本书附赠的 LORA 文件及相关素材文件，可以在工作时间添加本书客服微信，并提供本书订单截图，由客服一对一发送相关资料。为了帮助各位读者更快的掌握图书内容，并及时跟上 AI 软件的更新节奏，作者将赠送一门讲解 Midjourney 的在线视频课程，一门讲解 stable diffusion 的在线视频课程，一个不断更新的在线 AI 知识库文档，以及包含 2 万个提示词的文档。本书客服微信以及获取资源的方式请扫描右侧二维码获得。

作　者

2025 年 3 月

CONTENTS 目录

第1章　了解Midjourney的创作特点及常用命令

第2章　领会Midjourney的基本参数及生成逻辑

第3章　利用关键词控制画面的视角、景别、色彩、光线

第4章　使用Midjourney创作插画及照片素材

第5章　使用Midjourney辅助产品设计

第6章　Midjourney广告创意制作实战

第7章　Stable Diffusion安装步骤及文生图操作方法

第8章　掌握Stable Diffusion以参考图生成图像的方法

第9章　掌握提示词撰写逻辑并理解底模与LoRA模型

第10章　用ControlNet模型精准控制图像

第11章　AIGC创意设计实战案例

了解 Midjourney 的创作特点及常用命令

1.1 理解传统作图与人工智能绘画的区别

1.1.1 传统作图方式

只要创作者有 Photoshop、Painter、Illustrator 或 3ds Max、Maya、C4D 等软件的使用经验，就应该很清楚，要得到一幅图像，通常需要在软件中绘制，或者在软件中进行三维建模并使用渲染软件进行渲染。

传统作图方式的优势在于精度高，便于对细节进行调整和修改。此外，通过修改源文件，还可以轻松实现数字资源的共享与复用。

传统作图方式的缺点是高度依赖创作人员的技术水平，而且效率较低。有时需要创意团队与制作团队相互配合才能完成任务。

1.1.2 人工智能绘图方式

以 Midjourney 为代表的人工智能绘图方式，完全颠覆了上述传统作图方式。只需要输入一行提示词，它就能针对同一主题无限生成不同效果的图像。然而，这种技术也存在非常明显的缺点，即无法通过修改源文件的方式来获得同一主题在不同角度和场景下的图像效果。此外，在图像层面还存在下一节所述的其他缺点。

1.2 了解Midjourney绘图的缺点

由于本书主要讲解 Midjourney，因此这里专门针对 Midjourney 的绘画缺陷进行讲解。Midjourney 的绘画缺陷主要包括以下几点。

1.2.1 手部缺陷

当使用 Midjourney 生成涉及手部的图像时，经常会出现手部变形、缺指或多指的情况。尽管 Midjourney 在最新版本中已经对手部进行了优化，并在一定程度上改善了这一问题，但在处理较为复杂的手部动作时，生成的图像仍然可能呈现不完善的手部，如右图所示。

1.2.2 文字缺陷

当使用 Midjourney 生成的图像中包含大量文字时，通常会出现文字生成不正常的情况。如右图所示，招牌上的文字基本完全错误。这是由于 Midjourney 在文字生成方面还存在一定的局限性，特别是对于大量文字的处理能力有待提高。因此，在使用 Midjourney 生成包含文字的图像时，需要特别注意文字的准确性和清晰度。

1.2.3 不可控性缺陷

许多创作者热衷于使用 Midjourney 来创作图像，其中一个重要原因是 Midjourney 生成的图像带有强烈的随机性。即使是使用相同的提示词，每次执行后生成的图像也会有所不同。这种随机性为 Midjourney 在图像创意方面提供了天然的优势。然而，这种随机性同样可能导致生成的图像出现各种错误。以提示词 A dog in a blue suit and a cat in a red suit, selfie together（一只穿着蓝色西装的狗和一只穿着红色西装的猫一起自拍）为例，生成了以下 4 幅图像。其中，只有左侧的图像是完全正确的，其他图像都存在不同程度的错误。

面对这样的结果，创作者无须反复调整提示词，因为问题的根源并不在于提示词本身，而是在于 Midjourney 的生成机制以及目前尚待改进的功能限制。

1.2.4　画质缺陷

　　Midjourney 创作的图像在缩小观看时往往能以假乱真，难以分辨真假。然而，如果将图像放大仔细观察，就能够看出明显的像素点，图像会变得模糊。这一缺陷在生成图像时使用的质量参数较低的情况下尤为明显。

1.2.5　脸型缺陷

　　使用 Midjourney 创作包含人像的图像时，存在一个明显的问题：无论生成的是哪个民族或国家的人物图像，只要重复生成几次，就会发现同一民族或国家的人物脸型极其相似。这导致了人物图像的面部辨识度相对较低。幸运的是，这个问题可以通过使用后面章节将会讲解的参考图技术来解决。

1.3 如何使用Midjourney

Midjourney 是一个在 discord 平台上运行的软件，因此，为了充分利用 Midjourney，用户首先需要对 discord 有所了解。discord 是一款免费的应用，支持语音、文字和视频聊天。它允许任何用户在个人或群组中创建服务器，以便与其他用户进行实时聊天、语音通话，并能在需要时共享文件和屏幕。由于其功能全面、操作简便且无须付费，discord 已成为广受欢迎的聊天程序之一。要使用 Midjourney，可以按照以下 4 个步骤进行操作。

1.3.1 注册discord账号

由于 Midjourney 运行于 discord 平台，因此需要先注册 discord 账号。注册方法与在国内平台上注册账号类似。请访问 discord 网站，单击 Open Discord in your browser（在你的浏览器中打开 discord）按钮，然后按照提示步骤完成注册即可。

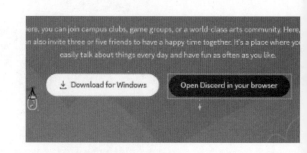

1.3.2 创建频道加入社区

进入 discord 官网界面，在左侧工具栏中单击"创建服务器"按钮，创建私人服务器。

再次在左侧工具栏中单击"探索可发现的服务器"按钮，在社区中选择加入 Midjourney 社区。

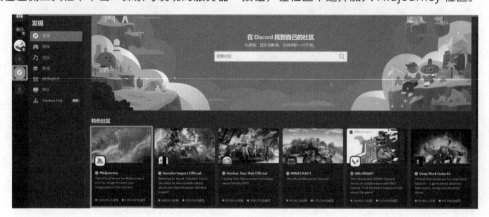

1.3.3 添加Midjourney Bot

返回主界面，单击右上方的"显示成员名单"按钮，再单击 Midjourney Bot 头像，选择添加至 App，将其添加至自己的服务器中。这样做的好处是更方便管理创作工作流，在自己的创作工作流中不会插入其他人的作品。

1.3.4 订阅Midjourney会员

由于 Midjourney 的用户数量增长迅速，因此该平台取消了免费试用的功能。目前，要使用 Midjourney，用户只能通过付费订阅的方式。在 discord 命令行中输入 /subscribe，或者访问订阅会员的页面，可以从 3 种会员计划中选择一种进行订阅。其中，基础会员费用为每月 8 美元，每月可生成 200 张图片；30 美元的标准计划则每月提供 15 小时的快速模式服务器使用时长额度；而 60 美元的专业计划则每月提供 30 小时的快速模式服务器使用时长额度。

此处的"快速模式"是指当创作者向 Midjourney 提交一句提示词后，Midjourney 会立即开始绘图。与此相对应的是"relax 模式"。在"relax 模式"下，当创作者向 Midjourney 提交提示词后，Midjourney 不会立即响应，而是等到服务器空闲时才开始绘画。

创作者可以通过输入 /settings 命令来调整作图模型以及响应模式。另外，"服务器使用时长额度"是指创作者绘画时占用 Midjourney 服务器的时间。这意味着，如果创作者使用了更高的出图质量标准或更复杂的提示词，那么在同样的时长额度里，能够出图的数量就会相应减少。创作者可以通过输入 /info 命令来查看剩余的服务器使用时长额度。

若要取消订阅，可在 discord 的底部对话框中输入 /subscribe 命令并按 Enter 键。在机器人回复的文本中，单击 Open Subscription Page 按钮。在弹出的付款信息页面中，单击 Manage 按钮，然后再单击 Cancel Plan 按钮以取消订阅。

 1.4 掌握Midjourney命令区的使用方法

Midjourney 生成图像的操作是基于命令或带有参数的命令来实现的。当进入 discord 界面后，在界面最下方的命令输入区域输入英文符号"/"，则会显示若干个可用命令，如下图所示。

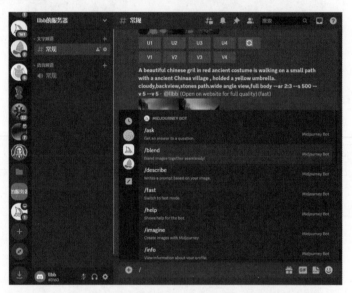

可以在此直接选择某一个命令执行，也可以直接在 / 符号后输入正确拼写的命令。如果被选中的命令需要填写参数，则该命令后面会显示参数的类型，如下左图所示的 /blend 命令。如果命令可以直接运行而无须参数，则命令的显示如下右图所示。

需要注意的是，前面提到的"参数"是一个广义词，根据不同的命令，参数有可能是一段文字，也有可能是一张或多张图像。在实际应用过程中，可以通过在 / 符号后面输入命令首字母或缩写的方法，快速找到并显示要使用的命令。例如，对于使用频率最高的 /imagine 命令，只需要输入 /im，就能快速显示此命令，如下左图所示。如果单击命令行左侧的 + 符号，可以显示如下右图所示的菜单。使用该菜单中的 3 个命令，可以完成上传图像、创建子区域及输入 / 符号等操作。

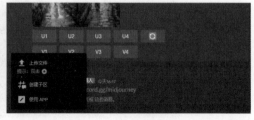

1.5　用imagine命令生成图像的步骤

1.5.1　初次生成

/imagine 命令是 Midjourney 中最重要的命令，在 Midjourney 的命令提示行中找到或输入此命令后，在其后输入提示词，即可得到所需的图像。

在 /imagine 命令后面的英文部分 cowboys drinking in a dimly lit american west bar with a wanted poster on the wall, chandeliers on the roof,several empty bottles lying down on the table,wide angel,american western movie style, movie lighting,tense atmosphere，用于描述图像。

--ar 3:2 --v 5.2 --s 800 --c 5- 是参数。

执行此命令会生成 4 张图像，如右图所示，这 4 张图像被称为"四格初始图像"。

1.5.2　放大图像

如果认为初始图像效果不错，或者通过衍变操作获得了不错的图像，可以单击 U1 至 U4 按钮，将图像放大，以得到高分辨率图像。其中，U1 对应的是左上角图像，U2 对应的是右上角图像，U3 对应的是左下角图像，U4 对应的是右下角图像。

1.5.3 衍变图像

如果生成的四格图像都不符合预期，可以单击"刷新"按钮 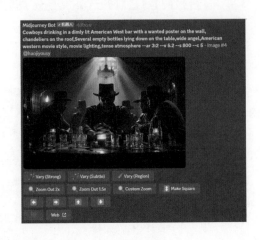 来生成新的四格图像。

如果对某一张初始图像基本满意，但希望对其中的某些细节进行改进，可以通过单击 v1～v4 按钮，选择对应的图像进行衍变重绘操作。

例如，当单击 v1 按钮时，系统会基于第一组四格初始图像中的左下角图像进行衍变重绘，生成如右图所示的新图像。

1.5.4 再次衍变操作

对于生成的高分辨率大图，如果想要在大图的基础上进行进一步的衍变操作，可以单击 Vary(Strong) 按钮来生成变化幅度更大的四格图像，效果如下左图所示；或者单击 Vary(Subtle) 按钮，以产生变化更微妙的四格图像，效果如下右图所示。在执行这些操作时，提示词的后面会分别标注有 Variations (Strong) 或 Variations (Subtle) 字样，如下面两张图中笔者用蓝色高亮选中的文字部分所示。

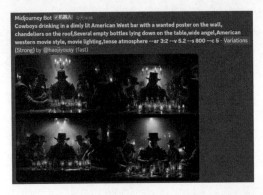 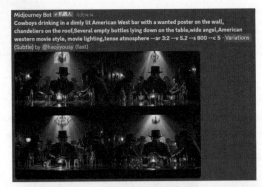

需要注意的是，虽然单击 Vary(Strong) 或 Vary(Subtle) 按钮后，按钮会呈现绿色已单击状态，但创作者仍然可以重复多次单击这两个按钮，以获得不同的衍变效果。右图所示为笔者再次单击 Vary(Strong) 按钮后生成的效果。

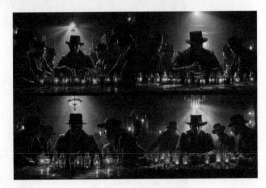

1.5.5 Zoom Out按钮的使用方法

在 Midjourney 更新的 5.2 版本中，引入了一项强大的 Zoom Out 功能，通过这一功能，创作者可以无限地扩展原始图像，类似当前多款 AI 软件所提供的扩展画布功能。

　　如下图所示，基于左上角的 原图，可以连续使用 Zoom Out 功能进行扩展，生成一系列图像。这样，我们就可以不断地扩大要表现的场景。

　　这意味着，对于初级 Midjourney 创作者而言，在撰写提示词时，无须过分纠结于景别描述的准确性，只要获得局部图像，再利用这一功能，即可轻松得到全景图像。然而，对于高级创作者来说，应该清楚地认识到，通过这种方法获得的全景图像与使用正确的全景景别提示词所获得的图像，在透视效果上存在显著差异。

　　使用此功能的方法是先按照常规方式获得四格初始图像，然后单击 U 按钮生成大图。接下来，单击图像下方的 Zoom Out 2x 或 Zoom Out 1.5x 按钮。如果创作者希望获得其他放大倍率，可以单击 Custom Zoom 按钮，并在 --zoom 后面填写 1.0 ～ 2.0 的数值。

1.5.6　Pan按钮的使用方法

　　Pan 按钮是指在 Midjourney 放大的图像下方的 4 个箭头按钮 ，它的作用与前面介绍的 Zoom Out 按钮类似，但产生的效果是使画面仅向某一个特定方向扩展。

　　这一功能有效地弥补了 Zoom Out 按钮只能向四周均匀扩展画面的不足，使画面的扩展更加灵活多变。例如，下图展示了笔者通过单击向右箭头来扩展画面所获得的效果。

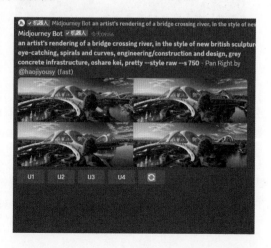

针对扩展后得到的 4 张新图像，可以在单击 U 按钮进行放大后，再次进行扩展操作。

但需要注意的是，目前 Midjourney 不支持对同一图像同时在垂直和水平两个方向上进行扩展。因此，在单击向右箭头按钮进行扩展后，生成的大图下方将只会显示两个水平方向的按钮，具体如下左图所示。

在这种情况下，创作者可以单击 Make Square 按钮，将当前图像扩展为正方形图像，或者选择继续沿水平方向扩展图像，以获得如下右图所示的效果。

 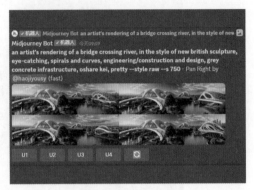

按照这种方法，经过多次操作后，可以获得类似全景照片式的高分辨率图像，或者利用这些素材生成平移镜头扫视效果的视频。

1.5.7 Vary(Region)局部重绘按钮的使用方法

1. 了解局部重绘

长期以来，使用 Midjourney 生成图像都存在一个显著问题，即图像效果的随机性较强。因此，有时得到的图像会有局部不尽如人意的情况。在这种情况下，创作者通常需要将图像导入 Photoshop 等软件进行后期修改。然而，使用 Midjourney 的局部重绘功能后，处理过程变得更加简便。创作者只需指定需要改进的局部区域，让 Midjourney 针对这些区域进行再次生成即可。

例如，下左图展示了一张包含古董车的原图。通过局部重绘功能，可以在保持其他区域不变的情况下，将汽车更换为绿色的保时捷汽车，效果如下右图所示。

当然，值得注意的是，局部重绘的效果也具有一定的随机性。因此，在某些情况下，使用 Midjourney 的局部重绘功能可能不如直接在 Photoshop 中进行修改来得高效。

2. 局部重绘使用方法

要使用 Midjourney 的局部重绘功能，首先需要按 U 按钮对图像进行放大。此时，在图像下方将出现 Vary(Region) 按钮。单击该按钮后，进入局部重绘的界面。接下来，针对想要重绘的局部区域，拖动鼠标画出一个框，使其变为马赛克状态，这样就完成了局部重绘的区域定义。

　　然后，在下方的描述语框中可以根据需要删除或修改字词。例如，在这里笔者输入的是 dark green porsche supercar with soft shadow。

　　最后，单击向右箭头按钮，即可得到新的四格图像。

　　在默认情况下，用于定义局部重绘区域的是方形选框工具 ，它适用于创建规则的选区。如果需要重绘的区域是不规则形状，则应该选择套索工具 。

　　如果在操作过程中有误，可以单击左上角的撤销按钮 来撤销某一次操作。

3．局部重绘的使用技巧

　　使用 Midjourney 的局部重绘功能，可以完成修复局部元素、替换局部元素、删除局部元素以及添加局部元素等多项任务。在之前的示例中，已经展示了如何替换局部元素。如果要添加局部元素，可以在画出需要重绘的区域后，在提示词中加入希望出现在图像中的新元素的描述词。

　　若要删除局部元素，只需画出对应的区域，并清空提示词文本框，如下左图所示。

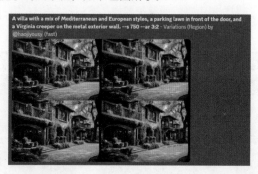

　　当需要修复局部元素时，同样画出对应的区域，但保持原有的提示词不变，Midjourney 将会根据原有的描述进行局部修复。

1.6　以图生图的方式创作新图像

1.6.1　基本使用方法

　　Midjourney 具有很强的模仿能力，能够利用图像生成技术产生与原始图像相似的新图像。这种技术依托于深度学习神经网络模型，特别是生成对抗网络（Generative Adversarial Network，GAN），来生成具有类似特征的图像。

在 GAN 的架构中，包含两个主要的神经网络：生成器（Generator）和判别器（Discriminator）。生成器的任务是创造新的图像，而判别器则负责鉴别这些生成的图像是否与真实的图像相似。通过不断的对抗与学习，这两个神经网络共同协作，使生成的图像逐渐逼近创作者提供的参考图像。

具体的操作步骤如下。

01 单击命令行中的+按钮，在菜单中执行"上传文件"命令，然后选择参考图像。

02 图像上传完成后，会显示在工作窗口。

03 选中这张图像并右击，在弹出的快捷菜单中选择"复制图片地址"选项，然后单击其他空白区域，退出观看图像状态。

04 输入或找到/imagine命令，在参数区先按快捷键Ctrl+V，执行粘贴命令，将上一步复制的图片地址粘贴到提示词最前方，然后按空格键，再输入对生成图片的效果、风格等方面的描述，并添加参数，按Enter键确认，即可得到所需的效果。

下左图为笔者上传的参考图像，下中图为生成的四格初始图像，下右图为放大其中一张图像后的效果，可以看出整体效果与原参考图像相似，质量不错。

1.6.2 控制参考图片权重

当使用前面所讲述的以图生图方法进行创作时，我们可以通过调整图像权重参数 --iw 来控制参考图像对最终生成效果的影响。

　　较大的 --iw 值意味着参考图像在最终结果中的影响力更大。不同的 Midjourney 版本模型具有不同的图像权重范围。对于 v5 版本，此数值默认为 1，其数值范围为 0.5 ～ 2。而对于 v3 版本，此数值默认为 0.25，范围为 -10000 ～ 10000。

　　右图展示的是笔者使用的参考图像提示词为 flower --v 5 --s 500。下面的 4 张图分别展示了当 --iw 参数设置为 0.5（左上）、1（右上）、1.5（左下）和 2（右下）时的生成效果。

　　从这些图像中可以看出，当 --iw 数值较小时，提示词 flower 对最终图像的生成效果具有更大的影响力。然而，当 --iw 数值增加到 2 时，生成的最终图像与原始图像非常接近，此时提示词 flower 对最终图像的生成效果影响力就相对较小了。

1.7　用blend命令混合图像

　　/blend 是一个极富创意的命令。当创作者上传 2 ～ 5 张图像后，可以利用这个命令将这些图像巧妙地混合成一张全新的图像。这种混合的结果有时是可以预见的，有时则会带来意想不到的惊喜。具体的操作步骤如下。

01　在命令行中找到或输入/blend后，Midjourney显示如下左图所示的界面，提示创作者要上传两张图像。

02　可以直接通过拖动的方法将两张图像拖入上传框中，下右图就是笔者上传图像后的界面。

03　在默认情况下，混合生成的图像是正方形的，但创作者也可以自定义图像比例，方法是在命令行中单击，此时会显示更多参数，其中dimensions用于控制图像比例。

04　在此可以选择Portrait、Square或Landscape选项，其中Portrait生成2:3的竖画幅图像，Square生成正方形

图像，Landscape生成3:2的横画幅图像。

05 按Enter键后，开始混合图像，得到如下图所示的效果。从最终图像来看，综合了两张图像的元素，可以说效果比较符合逻辑。

1.8 用describe命令自动分析图片提示词

Midjourney 的一个主要使用难点在于撰写准确的提示词，这要求创作者具备较高的艺术修养和语言功底。为了克服这一难点，Midjourney 推出了 describe 命令。通过这个命令，创作者可以让 Midjourney 自动分析上传的图片，并生成相应的提示词。尽管每次分析的结果可能并非百分之百准确，但大方向通常是正确的。创作者只需在 Midjourney 给出的提示词基础上稍作修改，就能得到个性化的提示词，从而生成满意的图像。

具体的操作步骤如下。

01 准备好参考图后，在Midjourney命令行处找到 /describe命令，此时Midjourney将显示一个文件上传窗口。

02 将参考图直接拖到此窗口以上传此参考图，然后按Enter键。

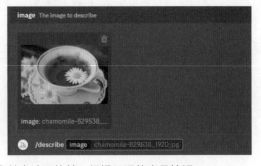

03 分析Midjourney生成的提示关键词，在图片下方单击认可的某一组提示词的序号按钮。

04 在此单击的是1号按钮，并在打开的文本框中对提示词进行修改。

1.9 用remix命令微调图像

如前所述，在生成四格初始图像后，单击 V 按钮可以在某一张初始图像的基础上执行衍变操作，以生成新的图像。在这种随机的衍变操作中，创作者往往难以控制衍变的方向和幅度。

为了提高效果的可控性和图像的精确度，Midjourney 引入了 /prefer remix 命令。当执行此命令后，系统会进入可控衍变状态，并提示创作者已进入了 remix 模式。

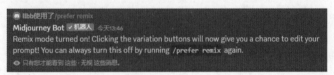

在这种模式下，再次单击 V 按钮会弹出一个提示词修改框。创作者可以在此框中修改关键词，从而使 Midjourney 在衍变时更加精确，得到的效果也更加可控。

例如，笔者使用了提示词 wonderful ethereal ancient chinese silver dragon floats over a crazy wave sea, high quality, cloudy --s 1000 --q 2 --v 5 --ar 3:2 来生成下面的图像，其中龙的身体被定义为金色。如果希望将右上角图像中龙的颜色修改为银色，则可以单击对应的 V2 按钮进行修改。

1.10 用tune命令训练个性风格模型

Midjourney 在最新的版本更新中推出了风格微调功能——Style Tuner。通过 Style Tuner，创作者可以创建专属于自己的 Midjourney 风格图片，这一功能与 Stable Diffusion 中的 LoRA 模型相类似。在使用时，创作者既可以直接应用其他用户上传的风格模型，也可以通过该命令训练出符合自己需求的风格模型。具体的操作步骤如下。

01　在discord界面向Midjourney Bot发送命令/tune，并输入提示词。

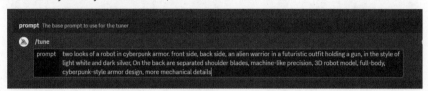

02　按Enter键确认命令后，Midjourney将返回图像选择命令提示，从中可以选择生成16～128个基本风格，数值越大生成的图片越多，理论上可以生成更加复杂、多变的风格模型。

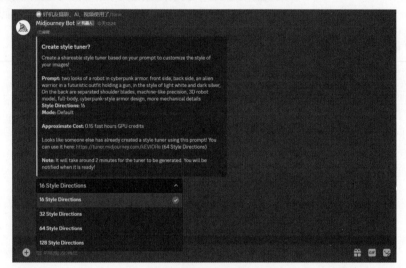

03　单击Submit按钮后，页面将显示生成上述图像需要花费的算力数值，如下左图所示。

04　再次单击绿色按钮后，Midjourney开始生成图像，如下右图所示。

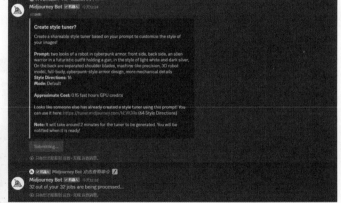

05　生成所有图像后，单击Midjourney给出的链接，即可进入风格微调界面，Midjourney提供了两种选择方式

进行风格确认，如下左图所示。

06　单击Compare two styles at a time按钮，并单击左右两侧图片，以选择效果满意的图片，如果没有满意的图片，单击中间黑色区域跳过即可，选择完成之后，Midjourney在页面下方生成风格模型代码4ATszmqfZ45W，如下右图所示。

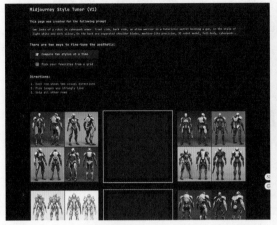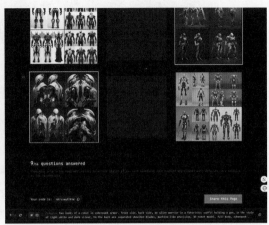

07　单击右下方图片旁边的"重选"按钮，可以重新生成代码，如下左图所示。

08　如果对生成风格较为满意，除了在过往生成图片中找回代码，也可以收藏此网址，方便后续查看，单击浏览器中的"收藏"按钮即可，如下右图所示。

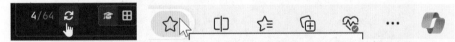

09　如果在06步时单击Pick your favorites from a grid按钮，则可以用更直观的方式挑选图片，如下图所示。

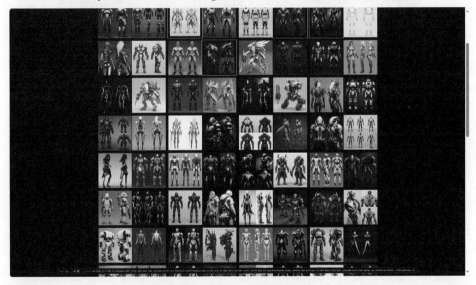

10　同样选择完成之后，会在下方生成新的风格代码，如下图所示。

要使用训练生成的模型代码，需要在 /imagine 后面输入提示词，并将"生成代码"复制粘贴在 --style 参

数的后面。

例如，只需要输入简单的描述词 a robot，并添加相关参数，如下图所示，即可获得使用此风格模型定义的机器人图像。目前，V6 版本尚不支持此功能，仅 V5.2 版本可用。

1.11 用settings命令设置全局参数

使用 /settings 可以设置 Midjourney 的全局化运行参数，使创作者在不输入具体参数值的情况下，让 Midjourney 以这些默认参数执行图像生成操作。

在 Midjourney 的命令行中输入或找到 /settings 后，Midjourney 将显示一系列参数选项，这些参数将在后续章节中详细讲解。

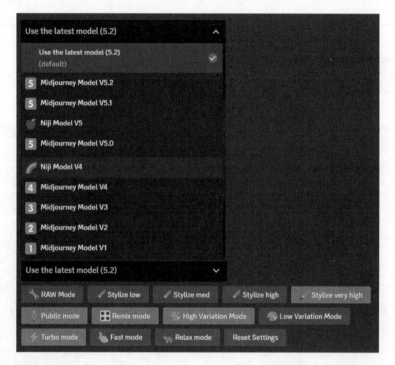

1．版本参数组

这个组包括 Midjourney 的各个版本，如 Midjourney Model V1、Midjourney Model V2 等，直到 Midjourney Model V5.2。选择其中一个版本后，可以在不添加 --v 版本参数的情况下，使用指定的版本来运行 Midjourney。

2．风格参数组

包括 style low、style med、style high 和 style very high，它们分别对应 --s 50、--s 100、--s 250 和 --s 750。为了避免在撰写提示词时每次都重复加入 --s 参数，建议在此选择一个风格参数。当选择 Midjourney

Model V5.1 或 Midjourney Model V5.2 时，可以通过单击 raw mode 按钮来减少 Midjourney 自动为图像添加的细节，相当于降低图像风格化。

3．Niji 版本参数组

当选择 Niji 模型后，参数面板将显示相应的参数选项。选择不同的选项，如 default style、Expressive style 等，可以生成风格不同的图像。

4．成图模式参数组

public mode 是指在这种模式下，生成的图片会被其他用户搜索到或展示在用户作品库中。

5．出图速度模式参数组

包括 turbo mode、fast mode 和 relax mode。关于这三者的详细讲解请参考前文。

6．变化参数组

包括 high variation mode 和 low variation mode。前者使 Midjourney 生成的四格图像之间区别更大，后者则使四格图像之间的区别更小。

7．重置参数

reset settings 是指单击后可以将所有参数恢复至默认状态。

8．remix mode 参数

单击后可以对图像进行微调，具体操作方法在本章有详细阐述。

需要特别注意的是，添加到提示词中的参数优先级高于在此设置的参数优先级。例如，如果在此选择了 Midjourney Model V4，但在提示词中添加了 --v 5 参数，那么生成图像时将使用 V5 版本，而不是 V4 版本。

第 2 章

领会 Midjourney 的基本参数及生成逻辑

2.1 了解Midjourney参数

2.1.1 理解参数的重要性

如前文所述，在使用 Midjourney 生成图像时，需要在提示词后面附加相应的参数，以便控制图像的画幅、质量、风格以及指定用于生成图像的 Midjourney 版本。

合理设置这些参数对于提升生成图像的质量至关重要。举例来说，下左图与下右图所采用的提示词和大部分参数都是相同的，唯一的区别在于下左图加入了 --v 5 参数，而下右图则使用了 --niji 5 参数。正因如此，得到了两组风格迥异的图像。

2.1.2 参数的格式与范围

在提示词后面添加参数时，必须使用英文符号，并且要注意空格问题。

例如，--iw 0.5 不能写成 --iw0.5，否则 Midjourney 会报错。在右侧所示的两个错误消息中，Midjourney 提示 --v5 与 --s800 格式有误，正确的格式应该是 --v 5 与 --s 800。

另外，参数的范围也需要填写正确。例如，在右侧所示的错误中，Midjourney 提示在 v5 版本中 --iw 的数值范围为 0.5 ～ 2，因此填写 0.25 这个数值是错误的。

随着 Midjourney 的功能逐渐完善、强大，未来可能还会有更多新的参数。但只要学会查看 Midjourney 的错误提示信息，就能够轻松修改参数填写错误。

2.2　写实模型版本参数

使用 Midjourney 绘制图像时，首先需要添加的最重要的参数是模型版本参数。在 Midjourney 的命令行中输入或找到 /settings 后，将显示如右图所示的版本参数。

其中，Midjourney Model V1、Midjourney Model V2、Midjourney Model V3 是 Midjourney 最早期的模型版本，出图效果较差，虽然仍可以使用，但已没有实际使用意义。

Midjourney Model V4 是 2022 年的早期版本，能够输出相对不错的图像。然而，在真实程度上，它逊色于 V5 系列版本，尤其是人的面部与手部容易变形。不过，在图像的创意及发散程度上，它高于 V5 版本。因此，如果生成的是插画、科幻等图像，可以优先考虑使用 V4 版本。

Midjourney Model V5、Midjourney Model V5.1、Midjourney Model V5.2 均属于写实类模型，但彼此之间又有微妙的区别。2024 年 2 月正式上线的 6.0 版本则更加综合，它不是在原有模型基础上的升级，而是一个从头开始训练的新模型。这个新模型可以生成比之前发布的任何模型都更加真实的图像。

例如，以 a pretty boy, stunning contour crayon drawing in the style of Jim Lee 为提示词生成图像时，如果分别使用参数 --v 4、--v 5、--v 5.1、--v 5.2、--v 6.0，则可以得到从左到右的 5 张图像。可以看出来，最左侧的 V4 版本图像画面细节较为简单，到 V5 版本就接近于提示词所描述的绘画风格。第 4 张图像由于使用了 5.2 版本模型，因此图像更逼近于照片。最新更新的 6.0 版本在满足提示描写的同时，画面笔触更加真实细腻。

2.3　插画模型版本参数

2.3.1　了解Niji的版本

Niji 模型是 Midjourney 专门为生成插画类图像而设计的，目前有 3 个版本，分别是 Niji Model 4、Niji Model 5 和 Niji Model 6。使用任何一个版本的模型，都能得到高质量的插画图像。然而，就图像效果的完善程度和美感而言，Niji Model 6 无疑更胜一筹。

在下页上图 3 组图中，使用了相同的提示词：floating woman, floating hair with jellyfish and smoke, dream head, cyberpunk color scheme, flying city background, Ghibli style。但左图添加了版本参数 --niji 4，中图添加了版本参数 --niji 5，右图添加了版本参数 --niji 6，三者之间的效果区别显而易见。

另外，需要特别注意的是，Niji 4 模型无法添加风格化参数 --s，否则会显示如下右图所示的错误提示。而 Niji 5 和 Niji 6 模型则可以添加此参数来控制图像的艺术化风格化程度。此外，Niji 6 无法添加风格参数 --style，否则同样会显示如下右图所示的错误提示。

2.3.2 了解Niji 5的参数

如果使用的是 Niji 5 版本，可以通过添加 4 个不同的参数来控制生成图像的风格。

- 使用--style cute参数，可以创作出更加迷人、可爱的角色、道具和场景。

- 使用--style expressive参数，将会使画面显得更加精致，并且更有表现力，带来强烈的插画感。

- 使用--style original参数，可以指定Midjourney使用原始的Niji模型版本5来生成图像，这是2023年5月26日之前的默认设置。

- 使用--style scenic参数，则会让创作出的画面更加侧重于奇幻的场景。

下面所展示的是在使用相同描述语的基础上，通过添加不同的参数所获得的多样化效果。

digital art, glitch art, web art, experimental art, cyber art, anime top model girl, collage --ar 2:3 --s 450 --style expressive --niji 5

digital art, glitch art, web art, experimental art, cyber art, anime top model girl, collage --ar 2:3 --s 450 --style cute --niji 5

digital art, glitch art, web art,
experimental art, cyber art, anime top
model girl, collage --ar 2:3 --s 450
--style original --niji 5

digital art, glitch art, web art,
experimental art, cyber art, anime top
model girl, collage --ar 2:3 --s 450
--style scenic --niji 5

2.3.3　了解Niji 6的参数

2024 年 1 月 30 日，Niji V6 alpha 版正式发布。创作者可以在提示词后添加 --niji 6，或者向 Midjourney Bot 发送 /settings 命令，将默认模型设置为 Niji 6，具体操作如下图所示。

此次 Niji V6 的更新与 Midjourney V6 版本的更新内容有诸多相似之处。其中，两者都支持更细节、更长的 prompt 提示，以及简单文本嵌入功能。这意味着，和 V6 一样，创作者可以在提示词命令中为文字内容添加引号，从而在生成的图片中嵌入文字。但需注意，与 Midjourney V6 版本相比，使用 Niji V6 生成文本的成功率稍低。

下面展示的两张图中，使用的是相同的提示词。但左侧图像是由 Midjourney V6 生成的，而右侧图像则是由 Niji V6 生成的。

a cake, "Welcome 2024" --ar 3:2
--stylize 200 --v 6

a cake, "Welcome 2024" --ar 3:2
--stylize 200 --niji 6

此外，这次更新还显著提升了图像的想象力和画面张力。下页上图展示的是，在使用相同提示词的情况下，分别使用 Niji 5 版本和 Niji 6 版本得到的画面效果对比。

digital art, glitch art, web art,
experimental art, cyber art, anime top
model girl, collage --niji 5

digital art, glitch art, web art,
experimental art, cyber art, anime top
model girl, collage --niji 6

2.4　图像比例参数

可以用 --aspect 参数来控制生成图像的比例。默认情况下，--aspect 的值为 1:1，即生成正方形图像。

如果使用的是 --v 5 或更高版本，可以使用任意整数比例，例如 45:65。然而，如果你使用的是其他版本，就需要注意比例的限制范围。对于 --v 4 版本，此参数仅支持 1:1、4:5、2:3、9:16 等特定的比例值。在实际使用过程中，--aspect 可以简写为 --ar。

--ar 1:2

--ar 9:16

--ar 3:4

--ar 1:1

--ar 4:5

--ar 2:3

2.5　图像质量参数

在使用 Midjourney 时，可以通过 --quality 参数来控制生成图像的质量。实际操作中，--quality 常被简写为 --q。

更高的质量设置会产生更多的图像细节，但同时也会消耗更多的订阅时间。默认情况下，--quality 的值为 1。对于 --v 5 和 --v 4 版本，此参数的范围是 0.25 ～ 5。

如果绘制的图像主要以线条为主，那么除非设置极小的质量参数，否则对图像质量的提升并不明显。

例如，下面的两组图像都是生成的像素化小图标，尽管它们的质量参数相差 10 倍，但从外观上看，图像质量几乎没有区别。

television, icon, white background,isometric --v 4 --q 5

television, icon, white background,isometric --v 4 --q 0.5

然而，如果生成的图像包含大量细节，那么较大的质量参数显然可以让图像展现出更多的细节。在下面的 3 张图中，从左到右分别是质量值为 0.25、2 和 5 时的效果。通过对比这 3 幅图像中放大的眼睛部位，可以清晰地看到图像精细程度的显著差异。

2.6　图像风格化参数

在使用 Midjourney 时，可以通过 --stylize 参数来控制生成图像的艺术化程度。较大的参数会导致更长的处理时间，但生成的效果会更具艺术性。然而，这也可能导致图像中出现大量与提示词不直接相关的元素，从而使最终效果与原始提示词的匹配度降低。相反，较小的数值会使图像更加贴近提示词，但可能降低其艺术性。

默认情况下，--stylize 的值为 100。对于 --v 5 和 --v 4 版本，此参数的范围是 100～1000。实际操作中，--stylize 常被简写为 --s，需要注意的是，此参数设置不会影响图像的分辨率。

在下面的两组图像中，第一组图像的 --stylize 参数设置为 1000，而第二组图像的参数设置为 100。这种差异导致了图像在艺术化程度上有明显的不同。

photograph taken portrait by canon Eos r5,full body, a beautiful queen dress chinese ancient god clothes on her gold dragon throne,angry face, finger pointing forward,splendor chinese palace background, super wide angle,shot by 24mm les,in style of yuumei art, full portrait, 8k, photorealistic, elegant, hyper realistic, super detailed, portrait photography, global illumination --ar 2:3 --stylize 1000 --q 2 --v 5

photograph taken portrait by canon Eos r5,full body, a beautiful queen dress chinese ancient god clothes on her gold dragon throne,angry face, finger pointing forward,splendor chinese palace background, super wide angle,shot by 24mm les,in style of yuumei art, full portrait, 8k, photorealistic, elegant, hyper realistic, super detailed, portrait photography, global illumination --ar 2:3 --stylize 100 --q 2 --v 5

2.7 四格图像差异化参数

在使用 Midjourney 时，可以通过 --chaos 参数来影响初始生成的四格图像之间的差异度。较大的 --chaos 参数值会使 4 幅图像之间产生更明显的区别，而较小的 --chaos 值则会使 4 幅图像更为相似。

默认情况下，此参数值为 0。如果使用的是 --v 5、--v 5.1、--v 5.2 或 --v 4 版本，那么，此参数的范围是 0～100。实际操作中，--chaos 常被简写为 --c。

下面的图像展示了 --chaos 参数对图像的影响。第一组图像由于参数设置为 0，因此 4 幅图像之间的风格差异并不明显。而第二组图像使用了 --c 100 参数，所以 4 幅图像之间呈现非常明显的差异。

asian girl influencer, fashionably dressed, black attire, necklace, sunglasses, night --ar 3:2 --s 800 --v 5.2 --c 0

asian girl influencer, fashionably dressed, black attire, necklace, sunglasses, night --ar 3:2 --s 800 --v 5.2 --c 100

2.8　图像种子参数

在生成图像时，Midjourney 会使用一个 seed 数值来初始化原始图像，然后基于这个原始图像，利用算法逐步推演改进，直至生成创作者想要的图像。

seed 数值通常是一个随机值，因此，如果不特意设置这个参数，即使使用相同的提示词，也不可能生成完全相同的图像。这也是为什么在学习本书及其他提示词类教程时，即使创作者完全复制提示词，也无法得到与示例图像完全相同的图像的原因。

如果想要得到相同的图像，可以为提示词指定相同的 seed 值。这样，每次使用相同的 seed 值和提示词时，Midjourney 都会生成相同的初始图像，并经过相同的推演改进过程，最终得到相同的图像。

2.8.1　获得seed值方法

获得 seed 值的方法如下。

01　在创作界面中找到需要获得seed的作品，将鼠标指针放在提示词上，此时可以看到右侧出现…图标。

02　单击…图标后，选择"添加反应"选项，然后单击信封图标。

03 单击右上角的"收件箱"图标。此时可以看到查询作品的seed值。

04 使用与被查询作品相同的提示词，再添加--seed命令，即可获得完全相同的图像。下左图为原始图像，下右图为使用--seed命令后生成的图像。

2.8.2 使用--seed参数获得类似图像

为了确保作品的多样性，在 Midjourney 中，即使使用相同的提示词，生成的图像也不会完全相同。然而，如果想要获得风格相似的图像，可以使用相同的 seed 值。

例如，下页上左图的图像是使用提示词 floating woman, floating hair with jellyfish and smoke, dream head, cyberpunk color scheme, flying city background, ghibli style --ar 2:3 --niji 5 --s 750 及相应参数生成的原始图像。

通过前面讲解的步骤获取到 seed 值后，将此数值添加到新的提示词中，并将原提示词中的 woman 修改为 boy，得到新的提示词：floating boy, floating hair with jellyfish and smoke, dream head, cyberpunk color scheme, flying city background, ghibli style --ar 2:3 --niji 5 --s 750 --seed 190019756。使用这个新提示词生成的图像如下页上中图所示。

而如果不添加 seed 参数，仅将原提示词中的 woman 修改为 boy，则生成的图像如下页上右图所示。

对比这三组图像，可以明显看出，添加 seed 参数后生成的图像在整体风格和效果上与原始图像更为相似。

floating woman, floating hair with jellyfish and smoke, dream head, cyberpunk color scheme, flying city background,ghibli style --ar 2:3 --niji 5 --s 750

floating boy, floating hair with jellyfish and smoke, dream head, cyberpunk color scheme, flying city background,ghibli style --ar 2:3 --niji 5 --s 750 --seed 190019756

floating boy, floating hair with jellyfish and smoke, dream head, cyberpunk color scheme, flying city background,ghibli style --ar 2:3 --niji 5 --s 750

2.9　排除负面因素参数

　　如果不希望在生成的图像中包含某种颜色或元素，可以在 Midjourney 提示词后添加 --no 参数，并跟上相应的负面词。

　　例如，对于提示词 a girl smiled and reached out to receive a gift, a square-shaped wrapped box, clear background, vivid color, colorful --ar 3:2 --v 5 --c 10 --s 300，生成的图像如下左图所示。如果不希望图像中包含红色，可以在这个提示词后面添加 --no red。这样，生成的图像中就不会包含红色元素，如下右图所示。

2.10 原图参数

当使用 Midjourney 模型的默认参数进行创作时,Midjourney 会根据提示词自动添加大量细节以丰富画面。然而,这种机制既有优点也有缺点。在某些情况下,添加的细节确实能够使画面更加生动,但在其他情况下,过多的细节可能会让画面显得杂乱无章,甚至掩盖了创作者想要表达的主题。

为了解决这个问题,可以使用 --style raw 参数。这个参数可以限制 Midjourney 为图像添加过多的细节,从而保持画面的简洁和明了。

下面展示了 3 组不同的图像,通过对比添加 --style raw 参数前后的效果,可以更清楚地了解这个参数的作用。

high sci-fi city,photo --s 500 --v 6

high sci-fi city,photo --s 500 --v 6 --style raw

blooming garden,photo --s 500 --v 5.2

blooming garden,photo --s 500 --v 5.2 --style raw

a girl in bohemian style clothes is drinking coffee --s 500 --v 6

a girl in bohemian style clothes is drinking coffee --s 500 --v 6 --style raw

2.11　风格参考参数

　　--sref 是 Midjourney 新增的风格参考参数。它的功能在于允许创作者指定一个或多个图片的 URL 作为风格示例，这样系统会尝试生成与这些示例风格或审美倾向相匹配的图像。这与给出图像提示类似，但更侧重于保持风格的一致性。无论是精致的插画风格，还是大胆的抽象表现，这一功能都能帮助创作者达到他们想要的视觉效果。具体的操作步骤如下。

01　打开discord首页进入个人服务器，在工作界面单击+图标，选择"上传文件"选项，并从本地上传一张或多张背景图片，选中此图片并右击，在弹出的快捷菜单中选择"复制消息链接"选项，如右图所示。

02　在命令行区域选择/imagine命令，输入提示词并在提示词后添加--sref参数，粘贴上一步获得的链接地址，生成效果如下左图所示。

03　在添加了蓝色星空图片作为风格参考图后，生成图片与上传图片风格一致。单击🔄按钮重新生成测试，在提示词、参数不变的情况下增加权重参数--SW 20（风格参考权重数值，数值范围为0～1000，此参数默认为100，数值越大，风格相似度越高，数值越小，风格相似度越低）进行生成，最终效果如下右图所示。

04　再次单击🔄按钮并修改权重参数重新进行生成测试，将--SW 20修改为--SW 600对比生成效果，最终效果如下左图所示。

05　通过对比可得出结论，权重参数值越大，参考图片对画面影响越大；反之如果减小权重参数，生成画面中文本提示词对画面影响越大。如果使用风格参考功能时添加了多张参考图，可以设置样式的相对权重，如--sref urlA::2 urlB::3 urlC::5，如下右图所示。

2.12 角色参考参数

  --cref 参数用于生成具有统一性的角色。当创作者上传一张角色参考图像后，Midjourney 能够在面部特征、发型风格以及服装搭配等方面，生成与这张参考图像保持高度相似性和一致性的图像。需要注意的是，目前此参数的适用范围并不包括真人写实照片。因此，在上传图像时，应注意使用由 Midjourney 生成的图像，并尽量避免使用真人实拍照片。具体的操作步骤如下。

01 打开discord首页进入个人服务器，在命令行区域选择/imagine命令，输入Red curly hair（红色卷发）、Blue eyes（蓝色眼睛）等相关提示词生成画面，生成效果如下图所示。

02 放大其中一张作为参考图片，此处以U3图片为例。选中此图片，右击，在弹出的快捷菜单中选择"复制消息链接"选项，如下左图所示。

03 在文本框中输入提示词，并在提示词后添加 --cref参数，粘贴上一步获得的链接，在外貌特征相关提示词，如Red curly hair（红色卷发）、Blue eyes（蓝色眼睛）方面均能得到较好还原，生成效果如下右图所示。

04 单击🔄按钮重新进行生成测试，在提示词、参数不变的情况下增加权重值的--CW 100（风格参考权重值，数值范围为0~100，数值越大，角色参考度越高，数值越小，角色参考度越低）进行生成。当角色参考的权重值为100时，人物发型、发色、瞳孔颜色及衣物颜色均能得到较好还原，生成效果如下左图所示。

05 再次单击🔄按钮并修改权重参数重新进行生成测试，将--CW 100修改为--CW 0对比生成效果。当角色参考的权重值为0时，人物发型、发色与瞳孔颜色仍然得到保留，但衣着特征发生较大改变，生成效果如下右图所示。

2.13 了解绘画的两种模式

包括 Midjourney 在内的人工智能绘图平台主要有两种绘画模式：第一种是"文生图"，即通过文字描述来生成图像；第二种是"图生图"，即基于已有的图像来生成新的图像。

2.13.1 文生图模式

文生图是指依靠一段文本来生成一幅反映文本描述内容的图像，其中的文本就是提示词，也叫 prompt。在 Midjourney 中，提示词就是在 /imagine 命令后输入的文字段落，如右图所示。虽然经过几个版本的更新迭代，Midjourney 在语义理解方面有了长足进步，但仍然无法理解复杂的文本段落。因此，清晰明了的提示词对绘画结果有着至关重要的影响。

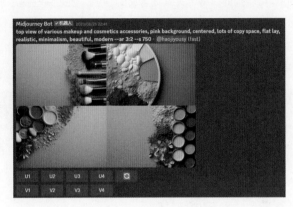

2.13.2 图生图模式

以图生图是包括 Midjourney 在内的人工智能绘图平台都具备的功能。通过上传一张或多张图像，这些平台可以将这些图像融合在一起，生成一张全新的图片。关于图生图技术的具体实现步骤，将在后面的章节中详细讲解。

尽管图生图的操作看起来简单，但在这个过程中，创作者也需要撰写少量的提示词，为 Midjourney 指明图像融合的方向。另外，相比图生图，文生图更为主流，应用面更广，使用频率也更高。

由此可见，无论是文生图还是图生图，提示词的重要性都是毋庸置疑的。因此，在学习 Midjourney 创作技法时，应该将学习的重点放在如何撰写出 Midjourney 能够理解的提示词上。

2.14 提示词常见关键词分类

2.14.1 内容描述类关键词

在提示词中，有一类关键词用于描述图像的内容，例如"一只小狗""一个村庄"等。当然，除此之外，如果有必要，还要描述以下信息。

- 环境：是室内还是室外。如果是室内，具体是哪里，是哪一种风格的室内，如中式、欧式、极简、现代等。如果是室外，具体是在哪里，是山野中还是城市中等。
- 时间：这将决定画面的光线描述关键词。例如，是在白天还是晚上，是黄昏还是正午。
- 光位：这将决定光线从哪个方向照射向画面的主体，例如，是顺光还是逆光，是侧光还是顶光。
- 人物：绝大部分画面中有人物，此时要描述是哪一个国家的人，性别、年龄、外貌、体征、衣服样式、表情、动作等。

- 画幅：指常见的远景、全景、中景、近景、特写等景别。
- 视角：指Midjourney在绘图时采用哪一个角度，如俯视、仰视、鸟瞰、无人机视角等。

通过在提示词中具体描述这些内容，就可以精准地定义画面。

虽然，由于 Midjourney 在生成图像时有一定随机性，即便使用了上述描述关键词，有时也不一定能够得到非常精确的、符合关键词含义的图像。但如果在提示词中没有这些关键词，就一定无法获得令人满意的效果。

另外，不需要在每一个提示词中都添加上述这些关键词。例如，下面的这一提示词描绘了这样的场景："宋朝的勇士手持一把剑，背后是一条熊熊的火龙，大地崩塌，闪电频闪，威风凛凛，身穿金色铠甲。"这条提示词得到的效果如下图所示，其效果基本符合笔者想象。

song dynasty warriors holds a sword,behind the background is a fire dragon,landslide,frequent lightning,majestic,golden armor

2.14.2　图像类型关键词

一个完整的提示词，不仅要让 Midjourney "知道"要绘制什么样的图像，还必须要使其"明白"这个图像是什么类型的，是照片写实类型，还是插画类型。如果是插画类型，是油画还是水墨画。这些关键词，笔者将其定义为图像类型关键词。例如，在提示词中加入 ink color 或 chinese ink style，可以得到如右图所示的图像效果。

2.14.3　特殊效果关键词

在使用 Midjourney 进行创作时，要特别注意有一些效果几乎只能由特定的关键词来触发。例如，在提示词中使用 knolling 这个关键词，就可以生成类似下页图所示的成分展示效果。

knolling 原义是指将工具或物品按照特定的方式排列和组织，通常是在工作台或工作区域上，以提高效率和可视性。这个词最早由工具箱制造商 Andrew Kromelow 创造，用于描述一种将工具按照几何形状和角度整齐排列的方法，以便更容易找到和使用它们。后来，这个词被摄影师 Tom Sachs 广泛应用于摄影领域，用于美学上整齐排列物品以拍摄艺术照片。

在训练 Midjourney 模型时，这种图像被打上了 knolling 的标签。因此，只要在这个词的前面添加主体名称，Midjourney 就会尝试分解主体，并将其成分在图像中以整齐排列的形式展示出来。

对于这样的关键词，要注意在日常使用时不断积累。目前尚无法给出完整的关键词列表。

2.15　12类内容描述关键词

2.15.1　景别关键词

close-up（特写）、medium close-up（中特写）、medium shot（中景）、medium long shot（中远景）、long shot（远景）、bokeh（背景虚化）、full-length shot（全身照）、extreme close-up（大特写）、waist-up shot（腰部以上）、knee-up shot（膝盖以上）、face shot（脸部特写）。

2.15.2　视角关键词

wide-angle view（广角视角）、panoramic view（全景视角）、low-angle shot（低角度视角）、overhead shot（俯拍视角）、eye-level shot（常规视角）、aerial view（鸟瞰视角）、fisheye lens view（鱼眼视角）、macro lens view（微距视角）、top view（顶视图）、tilt-shift perspective（倾斜视角）、satellite view（卫星视角）、bottom view（底视角）、front view（前视图）、side view（侧视图）、back view（后视图）。

2.15.3　光线关键词

volumetric lighting（体积光）、cinematic lighting（电影灯光）、front lighting（正面照明）、backlighting（背光照明）、rim lighting（边缘照明）、global illumination（全局照明）、studio lighting（工作室灯光）、natural light（自然光）、side lighting（侧光）、side backlighting（侧逆）、daylight（日光）、night light（夜光）、moonlight（月光）、god rays（丁达尔光）。

2.15.4　天气关键词

sunny（晴天）、cloudy（阴天）、rainy（雨天）、torrential rain（暴雨）、snowy（雪天）、light snow（小雪）、heavy snow（大雪）、foggy（雾天）、windy（多风）。

2.15.5　环境关键词

forest（森林）、desert（沙漠）、beach（海滩）、mountain range（山脉）、grassland（草原）、city（城市）、countryside（乡村）、lake（湖泊）、river（河流）、ocean（海洋）、glacier（冰川）、canyon（峡谷）、garden（花园）、national forest park（国家森林公园）、volcano（火山）。

2.15.6　情绪关键词

angry（愤怒）、happy（高兴）、sad（悲伤）、anxious（焦虑）、surprised（惊讶）、scared（恐惧）、embarrassed（羞愧）、disgusted（厌恶）、terrified（惊恐）、depressed（沮丧）。

2.15.7　描述姿势与动作的关键词

stand（站立）、sit（坐）、lie（躺）、bend（弯腰）、grab（抓住）、push（推）、pull（拉）、walk（走）、run（跑步）、jump（跳）、kick（踢）、climb（爬）、slide（滑行）、spin（旋转）、clap（拍手）、wave（挥手）、dance（跳舞）、clenched fist（握拳）、raise one's hand（举手）、salute（敬礼）、dynamic poses（动感姿势）、kung fu poses（功夫姿势）。

2.15.8　描述面貌特点的关键词

eyes（眼睛）、eyebrows（眉毛）、eyelashes（睫毛）、nose（鼻子）、mouth（嘴巴）、teeth（牙齿）、lips（嘴唇）、cheeks（脸颊）、chin（下巴）、forehead（额头）、ears（耳朵）、neck（颈部）、skin color（肤色）、wrinkles（皱纹）、beard/mustache（胡子）、hair（头发）。

2.15.9　描述年龄的关键词

infant（婴儿）、toddler（幼儿）、elementary school student（小学生）、middle school student（中学生）、young adult（青年）、middle-aged adult（中年人）、elderly person/senior citizen（老年人）。

2.15.10　描述服装关键词

casual style（休闲风格）、sporty style（运动风格）、rural style（田园风格）、beach style（海滩风格）、elegant style（优雅风格）、fashionable style（时尚潮流风格）、formal style（正装风格）、vintage style（复古风格）、artistic style（文艺风格）、minimalist style（简约风格）、modern style（摩登风格）、ethnic style（民族风格）、fancy style（花哨风格）、bohemian style（波希米亚风格）、lolita style（洛丽塔风格）、cowboy style（牛仔风格）、workwear style（工装风格）、hanfu style（汉服风格）、victorian style（维多利亚风格）。

2.15.11　描述户外环境常用关键词

mountain range（山脉）、peak（山峰）、canyon（峡谷）、cliff（悬崖）、river（河流）、waterfall（瀑布）、lake（湖泊）、beach（海滩）、coast（海岸）、peninsula（半岛）、island（岛屿）、prairie（草原）、desert（沙漠）、plateau（高原）、hill（丘陵）、forest（森林）、meadow（草地）、wetland（湿地）、volcano（火山）、glacier（冰川）、fjord（峡湾）、terraced fields（梯田）、dune（沙丘）、flower field（花海）、stone forest（石林）。

2.15.12　材质关键词

wood（木头）、metal（金属）、plastic（塑料）、stone（石头）、glass（玻璃）、paper（纸张）、ceramic（陶瓷）、silk（丝绸）、cotton（棉布）、wool（毛料）、leather（皮革）、rubber（橡胶）、pearl（珍珠）、marble（大理石）、enamel（珐琅）、satin（绸缎）、linen（细麻布）、cellulose（纤维素）、diamond（金刚石）、feather（羽毛）。

2.16　常见图像类型描述关键词

下面列出一些常见的图像类型定义关键词。

oil painting（油画）、pencil drawing（铅笔画）、gouache painting（水粉画）、vector illustration（矢量插画）、Chinese ink painting（中国水墨画）、Indian ink painting（印度墨画）、oil painting on paper（纸上油画）、canvas oil painting（布面油画）、acrylic painting（丙烯画）、pastel painting（粉彩画）、charcoal drawing（炭笔画）、sketch（素描）、colored pencil drawing（彩色铅笔画）、paper cutting（剪纸）、eggshell painting（蛋壳画）、watercolor pencil drawing（水彩铅笔画）、porcelain painting（瓷画）、pen and ink drawing（钢笔画）、ink painting（墨迹）、digital painting（数码绘画）、etching（雕刻画）、glass painting（玻璃画）、paper plate painting（纸盘画）、classical painting（古典绘画）、environmental art（环保艺术）、neon art（霓虹艺术）、3D painting（立体画）、mask painting（面具画）、textile art（纺织品艺术）、face painting（脸部画）、mural painting（壁画）、ice sculpture（冰雕）、digital collage（数字拼贴画）、graffiti art（涂鸦艺术）、abstract art（抽象画）、bamboo painting（竹画）、nature art（自然艺术）、silk screen printing（丝网印刷）、ceramic glazing（陶瓷釉面）、fresco painting（壁画绘制）、sgraffito（刻线陶瓷）、inlay work（嵌入工艺）、cameo relief（浮雕）、pointillism（点彩派）、filigree work（镂空工艺）、decoupage（贴画工艺）、pottery throwing（陶艺制作）、glassblowing（玻璃吹制）、lacquerware techniques（漆器工艺）、mosaicking craft（马赛克制作）、bonsai（盆景艺术）、ikebana（插花艺术）、flat effect（平面效果）、3D effect（3D 效果）、papercut effect（剪纸效果）、mosaic effect（马赛克效果）、tie-dye effect（扎染效果）、vector effect（矢量效果）、faded effect（褪色效果）、woodcut effect（木刻效果）、enamel effect（珐琅效果）、neon effect（霓虹效果）、digital effect（数字效果）、cartoon effect（卡通效果）、collage effect（拼贴效果）、stamp effect（印章效果）。

例如，下左图为使用graffiti art关键词得到的效果，下右图为使用watercolor painting关键词得到的效果。

2.17 提示词撰写通用模板

在了解了常见的关键词后，可以推导出一个通用提示词撰写模板。

主题内容 + 主角 + 背景 + 环境 + 气氛 + 构图 + 风格化 + 参考方向 + 图像类型

- 主题内容：应清晰阐述想要创作的主题，例如珠宝设计图样、建筑设计草图、创新贴纸图案设计等。

- 主角：需要具体描述主角的特征，包括其尺寸、外形、姿态等细节，无论主角是人物还是物体。

- 环境：要详尽描述主角身处的环境，可能是在室内空间、茂密的丛林、幽静的山谷等各种场景。

- 气氛：需要说明场景中的光线条件，如剪影效果的逆光、柔和的弱光照明，以及天气状况，如多云、薄雾、细雨、飘雪等。

- 构图：明确图像的构图方式，例如是采用宽广的全景视角，还是聚焦于细节的特写镜头。

- 风格化：描述所追求的艺术风格，可以是富含东方美学的中式风格，或者是典雅华丽的欧式风格等。

- 参考方向：在创作图像时，提供具体的参考来源，可以是指定的艺术家名字，或者是某个艺术领域的专业网站，以便获得创作灵感。

- 图像类型：需要指明最终图像的呈现类型，是手绘插画、摄影照片，还是像素风格的数字艺术，抑或是逼真的3D渲染效果图。

下面，笔者将通过深入剖析一个提示词，来具体展示其实际应用。

the girls stand on a street corner, one dressed in trendy, streetwear-inspired clothes while the other dons flowy, bohemian attire. the scene features a mix of natural and artificial light, with buildings and cityscape visible in the background. wide angel full portrait,photorealistic --ar 2:3 --s 600 --v 5

这句提示词描述的情景是：一个高质量的照片图像中，两位女孩站在街角，其中一位身着时尚的街头风格服装，而另一位则穿着轻盈飘逸的波希米亚风格服饰。背景中可以清晰地看到建筑和城市景观，光线是自然光与人工光的完美融合，以广角镜头拍摄，展现了她们的全身照。

在上面的提示词中，主角是 the girls，她们的动作被描述为 stand（站立），所处的环境是 a street corner（街角），with buildings and cityscape visible in the background（背景中可以见到建筑和城市景观）。主角的造型描述为 one dressed in trendy, streetwear-inspired clothes while the other dons flowy Bohemian attire（一个穿着时尚、街头风格服装，而另一个则穿着飘逸的波希米亚风格服装）。场景的气氛由 a mix of natural and artificial light（自然光和人工光的混合）营造。构图是 wide-angle full portrait（广角全身肖像）。图像类型由参数 --v 5 确定为照片。

2.18　撰写提示词的两种方法

2.18.1　翻译软件辅助法

除非创作者具备深厚的英文功底，否则笔者建议在撰写提示词时，可以同时打开两三个在线翻译网站。首先，用中文详细描绘自己期望得到的图像，然后将其翻译成英文。

对于英文功底较弱的创作者，可以选择其中一个翻译结果，直接填写在 /imagine 命令之后。

若创作者的英文水平尚可，那么可以从多个翻译结果中，挑选出自认为最准确的文本，填写在 /imagine 命令后面。

笔者个人经常使用的在线翻译工具有百度翻译、有道翻译以及 deepl 翻译。

下面是笔者给出的文本、翻译后的文本及使用此文本生成的图像。

两支维京武士的军队在荒凉的平原上展开激战，乌云密布，大雨如注。他们的旗帜在风中烈烈飘扬。其中一面旗帜上绣着黑乌鸦，另一面则绣着断裂的剑柄。在这片混乱的战场上，士兵们奋力挥舞着手中的斧头和长剑，与敌军展开殊死搏斗。他们身上的盔甲在战斗的光芒中闪烁，脸上满是愤怒与威严。远处的火焰与浓烟交织在一起，映照着这场残酷的战争。狂风席卷了整个战场，士兵们的旗帜和长发在风中狂舞。雨水浸湿了他们的盔甲和武器，战斗愈发艰难。一些士兵已经力竭，倒在了泥泞的战场上。

Two Viking warrior armies clashed on a desolate plain as rain poured down through dark clouds. Their flags fluttered in the wind, one adorned with a black crow and the other featuring a broken sword hilt. On the battlefield, soldiers vigorously wielded axes and swords, engaging in fierce combat. Their armor glinted in the light, and anger and majesty were etched on their faces. Flames and smoke billowed in the distance. A storm swept across the battlefield, whipping the flags and long hair of the soldiers locked in combat. The rain soaked their armor and weapons, and some soldiers had already collapsed onto the muddy ground.

从图像效果来看，基本上达到了笔者心中构想的图像场景，这个过程中翻译软件起到了至关重要的作用。

2.18.2　文本大模型辅助代写法

以 ChatGPT 为代表的文本大模型在过去一年中异常火爆，这些大模型都展现出了相当高的智能水平，可被用于撰写 Midjourney 所需的提示词。

下面以 ChatGPT 为例，展示具体的操作流程。

若要使用 ChatGPT 来撰写提示词，首先需要为 ChatGPT 设定任务背景。为此，笔者使用了以下指令："我正在利用 Midjourney 生成图像，它是一款基于人工智能的图像生成软件，依赖于提示词来生成图像。接下来，我将提出一个初步概念，请你将这个概念扩展成一个复杂的场景，并根据这个场景撰写一条完整的提示词。在这条提示词中，需要包含对场景风格、视觉效果、光线、主题以及气氛的详尽描述，以确保 Midjourney 能够依靠这些提示词生成复杂的图像。你需要为我提供中英文对照的提示词，同时请注意，提示词应使用尽可能简洁的语句，并尽量减少介词的使用。如果你明白了，请回复"明白"，然后我将提出我的概念。"

ChatGPT 给出了正确的反馈，笔者也顺利地获得了相应的提示词。

紧接着，笔者切换到 Midjourney 中，输入了从 ChatGPT 获得的提示词，并添加了必要的参数，最终生成了下页上右图的效果。

除了笔者所示例的 ChatGPT，还可以考虑使用其他文本大模型，如百度的文心一言、360 公司的 360 智脑文本生成，以及昆仑万维的天工 AI 助手等。

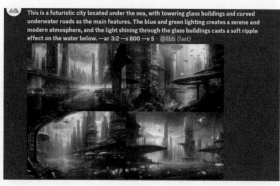

2.19 以图生图的方式创作新图像

2.19.1 基本使用方法

Midjourney 具有出色的模仿能力，它利用图像生成技术可以产生与原始图像高度相似的新图像。这种技术依赖于深度学习神经网络模型，用于生成具有相似特征的图像。

在图像生成领域，所用的神经网络模型常被称作生成对抗网络（Generative Adversarial Network，GAN）。该网络由两个主要部分构成：生成器（Generator）和判别器（Discriminator）。生成器的任务是创造新的图像，而判别器则负责鉴别生成器产生的图像是否与真实图像相似。这两个神经网络通过不断相互对抗与学习，使生成的图像逐渐逼近创作者所提供的参考图像。具体的操作步骤如下。

01 单击命令行中的+按钮，在菜单中选择"上传文件"选项，然后选择参考图像。图像上传完成后，会显示在工作窗口。

02 选中这张图像，然后右击，在弹出的快捷菜单中选择"复制图片地址"选项。随后单击空白区域，退出观看图像状态。

03 输入或找到/imagine命令，在参数区先按快捷键Ctrl+V执行粘贴操作，将上一步复制的图片地址粘贴到提示词最前方，然后按空格键，输入对生成图片的效果、风格等方面的描述，并添加参数，按Enter键确认，即可得到所需的效果。

下页上左图为笔者上传的参考图像，下页上中图为生成的四格初始图像，下页上右图为放大其中一张图像后的效果，可以看出来整体效果与原参考图像相似，质量不错。

2.19.2　使用多张图进行创作

在前面的操作示例中，笔者仅使用了一张图像，但实际上，创作者可以根据需要选择多张图像进行图像融合操作。

操作方法与使用单张图像基本相同，唯一的区别在于需要上传两张或更多张图像。

如果想要控制图像融合的效果，可以在提示词中，图片地址的后方输入期望生成的图像效果和风格。如果只是希望进行简单的图像融合，可以只输入参数值。

例如，在创作下面的两组图像时，笔者仅输入了参数值，因此最终融合得到的图像是由 Midjourney 平衡地提取了参考图像中最典型的特征后生成的。下左侧的参考图中的武器和长发，以及中间图像的齿轮和服装，都和谐地出现在最终的融合图像中（下右图）。

2.19.3　控制参考图片权重

在使用前面所讲述的图生图的方法进行创作时，可以通过调整图像权重参数 --iw 来控制参考图像对最终效果的影响。该参数的数值范围为 0.5 ～ 2。设定较大的 --iw 值意味着参考图像将对最终结果产生更大的影响，从而使生成的图像与参考图像更为相似。相反，使用较小的 --iw 值时，Midjourney 将生成更具自由度和随机性的图像，此时参考图在最终生成的图像中的体现将不那么明显。

第 3 章

利用关键词控制画面的视角、景别、色彩、光线

3.1 利用关键词控制画面水平视角

　　水平视角是指在同一高度上，围绕被拍摄对象进行拍摄的不同方位。在描述这种视角时，常用的关键词有 front view（前视）、side view（侧视）、back view（后视）。在使用这些关键词来控制画面的水平视角时，画面中必须包含能够清晰区分出前面、侧面和后面的物体或对象。若画面中缺乏这样的参照物，即便添加了这些关键词，也无法有效地传达出画面的视角。例如，在下面展示的 4 组图中，左上、右上、左下 3 组都因为包含了一辆汽车作为明确的参照物，所以能够通过关键词来准确控制水平视角。然而，在右下角的室内图像中，由于缺乏明确的参照物，因此即使使用了水平视角的关键词，画面也无法传达出明确的方位感。

side view,a white convertible supercar,
a modern villa --s 750

back view,a white convertible supercar,
a modern villa --s 750

front view,a white convertible
supercar, a modern villa --s 750

front view, blue, a loft living room
with modern decoration style --v 5.1
--s 750

3.2 利用关键词控制画面垂直视角

垂直视角是指在同一方向上，围绕被拍摄对象进行拍摄的不同高度，常用的关键词包括 low angle shot（低角度视角）、eye-level shot（常规视角）、overhead view（俯拍视角）、aerial view（鸟瞰视角）、top view（顶视图）以及 satellite view（卫星视角）。其中，eye-level shot（常规视角）是默认的垂直视角，即在没有特别指明任何垂直视角关键词时，系统默认以这种视角来渲染画面。

此外，值得注意的是，除非表现的场景非常宏大，否则在使用 aerial view（鸟瞰视角）、top view（顶视图）和 satellite view（卫星视角）这些关键词时，得到的效果会非常接近。

下面的 6 个场景分别展示了使用这 6 个关键词能够展现的不同效果。

a red convertible supercar, a white modern villa,overhead --s 750 --v 5.1

a red convertible supercar, a white modern villa,low angle shot --s 750 --v 5.1

a red convertible supercar, a white modern villa,aerial view --s 750 --v 5.1

a red convertible supercar, a white modern villa,top view --s 750 --v 5.1

a red convertible supercar, a white modern villa,Eye level view --s 750 --v 5.1

a red convertible supercar, a white modern villa,satellite view --s 750 --v 5.1

3.3 利用关键词控制画面景别

景别是指在焦距一定的情况下，由于摄影机与被摄对象的距离不同，导致被摄对象在摄影画面中呈现的大小有所区别。景别通常可以分为 5 种，由近及远分别是特写（人体肩部以上部分）、近景（人体胸部以上部分）、中景（人体膝部以上部分）、全景（人体的全部以及周围环境部分）、远景（被摄对象所处的整体环境）。

在使用软件进行创作时，具体可运用以下关键词：close-up（特写）、medium close-up（中特写）、medium shot（中景）、medium long shot（中远景）、long shot（远景）、full length shot（全身照）、detail shot（大特写）、waist shot（腰部以上）、knee shot（膝盖以上）、face shot（面部特写）、wide angle view（广角视角）、panoramic view（全景视角）。

接下来，将分别通过人像与风光的示例来展示使用不同关键词所能获得的效果。

close-up view,two girls in style cowboy style clothing stand on the street,front view,photography --s 750 --v 5.1

full length shot,two girls in style cowboy style clothing stand on the street,front view,photography --s 750 --v 5.1

waist shot,two girls in style cowboy style clothing stand on the street,front view,photography --s 750 --v 5.1

medium shot,two girls in style cowboy style clothing stand on the street,front view,photography --s 750 --v 5.1

panoramic view,two girls in style cowboy style clothing stand on the street,front view,photography --s 750 --v 5.1

wide angle view,two girls in style cowboy style clothing stand on the street,front view,photography --s 750 --v 5.1

在创建风光类图像时，同样可以使用以上关键词。但需注意的是，只有在选用 close-up、wide angle view 和 panoramic view 时，画面才会产生显著的变化。使用其他关键词时，画面的景别变化可能并不明显。

特别需要指出的是，在创作过程中，不必过分拘泥于画面的景别选择。因为小景别可以通过从大景别照片中裁剪得到，而大景别则可以利用图像处理软件中的缩放命令进行扩展获得。

3.4 利用关键词控制画面光线

3.4.1 控制光线的类型

在使用 Midjourney 进行创作时，光线是非常重要的控制要素，可以尝试使用以下关键词：cinematic lighting（电影灯光）、global illuminations（全局照明）、studio lighting（工作室灯光）、natural light（自然光）、rim lighting（边缘光）、daylight（日光）、night light（夜光）、moonlight（月光）、god rays（丁达尔光）、volumetric lighting（体积光）。下面以风景图为例展示了不同关键词的效果。

在此需要特别说明的是，god rays（丁达尔光）和 volumetric lighting（体积光）两者的效果比较类似。

god rays light,a winding road leads to the dense forest, with rays of light shining through the leaves onto the road, autumn --s 500 --v 5.1

volumetric lighting,a winding road leads to the dense forest, with rays of light shining through the leaves onto the road, autumn --s 500 --v 5.1

3.4.2 控制光线的方位

当需要控制光线的方向时，常用以下 3 个关键词：front lighting（顺光）、side lighting（侧光）、back lighting（逆光），它们分别可以获得正面光照、侧面光照与逆光的效果。

下面分别以背包产品摄影与人像摄影两个场景为例，展示使用这些不同关键词所能获得的独特效果。

back light,gents simple back bag in style of superman, product shot, professional photography, studio lighting --s 500 --v 5.1

back light,a beautiful lady dressed in gorgeous chinese hanfu is dancing in an ancient chinese courtyard --s 500 --style raw --v 5.1

3.5 利用关键词控制画面颜色

3.5.1 控制画面的颜色

除非打算生成的是黑白图像，否则在使用 Midjourney 进行创作时，创作者都应注意控制画面的整体色调。具体可以通过以下色彩关键词来调整，red（红色）、orange（橙色）、yellow（黄色）、green（绿色）、blue（蓝色）、purple（紫色）、pink（粉红色）、brown（棕色）、gray（灰色）、black（黑色）、white（白色）、gold（金色）、silver（银色）、cyan（青色）、lavender（薰衣草色）、turquoise（绿松石色）、maroon（栗色）、coral（珊瑚色）、jade（翡翠绿）、almond（杏仁色）、grayscale（灰度）、monochromatic（单色调）。

下面展示的两组室内设计图像，各自使用了不同的颜色关键词，以呈现独特的效果。

yellow,a loft living room with modern decoration style --v 5.1 --s 750

green,a loft living room with modern decoration style --v 5.1 --s 750

3.5.2 控制画面的影调

除了控制画面的颜色，还可以通过以下关键词来调整画面的影调：bright（明亮）、dark（暗淡）、high contrast（高对比）、light（光亮）、shadowy（阴影）、muted（柔和）、high key（高调）、low key（低调）。

下面展示的两组餐厅图像，就分别采用了这些不同的影调关键词。

dark,a restaurant with modern minimalist decoration style --s 750 --v 5.1

bright,a restaurant with modern minimalist decoration style --s 750 --v 5.1

3.6 利用关键词控制画面天气

如果需要在画面中定义天气，可以尝试使用以下关键词：sunny（晴天）、cloudy（阴天）、rainy（雨天）、

torrential rain（暴雨）、snowy（雪天）、foggy（雾天）、windy（多风）、ice（冰）。

下面展示的 4 组纪实摄影效果图像，分别对应了不同的天气效果关键词。

rainy,panoramic view, in the chaotic
streets of thailand, a man is dragging
a cart full of goods facing the
camera,photography, photorealistic
--s 350 --v 5.1

cloudy,panoramic view, in the chaotic
streets of thailand, a man is dragging
a cart full of goods facing the
camera,photography, photorealistic
--s 350 --v 5.1

sunny,panoramic view, in the chaotic
streets of thailand, a man is dragging
a cart full of goods facing the
camera,photography, photorealistic
--s 350 --v 5.1

torrentialrain,panoramic view, in the
chaotic streets of thailand, a man is
dragging a cart full of goods facing
the camera,photography, photorealistic
--s 350 --v 5.1

3.7 利用关键词定义画面环境

如果需要在画面中定义环境，可以使用以下关键词：forest（森林）、desert（沙漠）、beach（海滩）、

mountain range（山脉）、grassland（草原）、city（城市）、countryside（农村）、lake（湖泊）、river（河流）、ocean（海洋）、glacier（冰川）、canyon（峡谷）、garden（花园）、national park（国家公园）、peak（山峰）、（cliff）悬崖、waterfall（瀑布）、coast（海岸）、island（岛屿）、plateau（高原）、hill（丘陵）、meadow（草地）、volcano（火山）、dune（沙丘）、flower fields（花海）、stone forest（石林）。

需要注意的是，可以在同一图像中组合使用以上关键词，以形成复杂的地貌。

glacier,waterfall,flower fields,stone forest --s 750 --v 5.1

grassland,lake,mountain range, --s 750 --v 5.1

plateau,hill,meadow,volcano --s 750 --v 5.1

forest,desert,cliff --s 750 --v 5.1

3.8 利用关键词控制前景与背景的关键词

使用 Midjourney 生成图像时，有时需要控制生成图像的前景与背景。此时，可以使用 foreground+ 画面环境关键词来控制前景，用 background+ 画面环境关键词来控制背景。

moon light,an robot sitting on the ground with his head bowed,the background is sci-fi city --s 750 --v 5.1

moon light,an robot sitting on the ground with his head bowed,the foreground is a row of burning candles. --s 750 --v 5.2

3.9 利用关键词定义对象材质

当需要控制生成的图像中对象的材质时，可以使用 made of …的表述方式，并在 of 后面添加所需的材质。例如，fly dragon made of electronic components and pcb circuits 表示所使用的材质是电子元件和 PCB 电路板。

常用材质关键词如下：wood（木头）、metal（金属）、plastic（塑料）、stone（石头）、glass（玻璃）、paper（纸张）、ceramic（陶瓷）、silk（丝绸）、cotton（棉布）、wool（毛料）、leather（皮革）、rubber（橡胶）、pearl（珍珠）、marble（大理石）、enamel（珐琅）、satin（绸缎）、linen（细麻布）、cellulose（纤维素）、diamond（金刚石）、feather（羽毛）。

下面是笔者使用 6 种不同材质生成的运动鞋创意概念图。

sport shoes, made of gold glitter payette
--s 750 --v 5.2

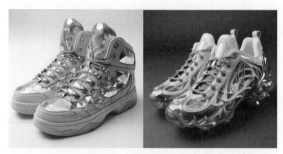

sport shoes, made of mother of pearl and diamonds --s 750 --v 5.2

sport shoes, made of lace and ribbons
--s 750 --v 5.2

sport shoes, made of shining diamonds
--s 750 --v 5.2

sport shoes, made of electronic components
--s 750 --v 5.2

sport shoes, made of gold linen and feather
--s 750 --v 5.2

3.10　利用关键词控制人物

3.10.1　描述年龄的关键词

使用以下关键词，可以定义图像中人物的年龄：infant（婴儿）、toddler（幼儿）、elementary schooler（小学生）、middle schooler（中学生）、young adult（青年）、middle-aged（中年人）、elderly/senior（老年人）。对于老年男性，可以使用 old man，对于老年女性，可以使用 old woman。

请注意，虽然也可以使用具体的数字来描述年龄，例如 forty-five years old（45 岁）或 fifty-five years old（55 岁），但 Midjourney 在区分相近年龄时可能并不精确。例如，使用 50 岁和 55 岁作为关键词时，生成的图像中人物的外貌实际上可能没有多大区别。

a infant is lying on the fabric sofa in the living room. --s 500 --v 5.2

a middle-aged man is lying on the fabric sofa in the living room. --s 500 --v 5.2

3.10.2　描述面貌特点的关键词

在创作包含人像的图像时，可以使用以下关键词来控制人物的面貌特征：eyes（眼睛）、eyebrows（眉毛）、eyelashes（睫毛）、nose（鼻子）、mouth（嘴）、teeth（牙齿）、lips（嘴唇）、cheeks（脸颊）、chin（下巴）、forehead（额头）、ears（耳朵）、skin color（肤色）、wrinkles（皱纹）、beard（胡子）以及 hair（头发）。

例如，下面展示了两组使用不同关键词生成的人像图像。

blue eyes, white eyebrows, thin lips, wheat-colored skin, thick beard, and dense, curly hair --s 750 --v 5.1

red hair, forehead covered in wrinkles, black skin, a smile at the corner of the mouth. --s 750 --v 5.1

3.10.3　描述情绪的关键词

在创作有人像的图像时，可以尝试添加以下用于控制情绪的关键词：laugh（大笑）、cry（哭泣）、angry（愤怒）、happy（高兴）、sad（悲伤）、anxious（焦虑）、surprised（惊讶）、afraid（恐惧）、embarrassed（羞愧）、disgusted（厌恶）、terrified（惊恐）和 depressed（沮丧）。

需要注意的是，Midjourney 可能无法精准地区分表情相近的情绪，例如 sad（悲伤）与 depressed（沮丧）。下面展示了两组笔者使用不同的情绪关键词创作的示例图像。

laugh,boy,,front view,photography,
photorealistic --s 750 --v 5.1

cry,boy,,front view,photography,
photorealistic --s 750 --v 5.1

3.10.4　描述姿势与动作的关键词

当图像中包含人物时，为了让人物更好地展现图像主题，有时需要明确定义人物的动作。在这种情况下，可以尝试使用以下关键词：stand（站立）、sit（坐）、lie（躺）、bend（弯腰）、grab（抓住）、push（推）、pull（拉）、walk（走）、run（跑步）、jump（跳）、kick（踢）、climb（爬）、slide（滑行）、spin（旋转）、clap（拍手）、wave hand（挥手）、dance（跳舞）、clenched fist（握拳）、raise hand（举手）、salute（敬礼）、dynamic poses（动感姿势）和 kung fu poses（功夫姿势）。

kung fu poses,a boy in classroom,front
view,photography, photorealistic,full
body,full portrait --s 750 --v 5.1

sit,a boy in classroom,front
view,photography, photorealistic,full
body,full portrait --s 750 --v 5.1

walk,a boy in classroom,front
view,photography, photorealistic,full
body,full portrait --s 750 --v 5.1

run,a boy in classroom,front
view,photography, photorealistic,full
body,full portrait --s 750 --v 5.1

3.10.5　描述服饰风格的关键词

当使用 Midjourney 创作有人物的图像时，可以尝试使用以下关键词来控制人物的服饰风格：casual style（休闲风格）、sport style（运动风格）、country style（田园风格）、beach style（海滩风格）、elegant style（优雅风格）、fashionable style（时尚潮流风格）、formal style（正装风格）、vintage style（复古

风格）、artistic style（文艺风格）、minimalist style（简约风格）、modern style（摩登风格）、ethnic style（民族风格）、fancy style（花哨风格）、bohemian style（波希米亚风格）、lolita style（洛丽塔风格）、cowboy style（牛仔风格）、workwear style（工装风格）、hanfu style（汉服风格）、victorian style（维多利亚风格）。这些关键词能够帮助你塑造出丰富多样的服饰效果，以满足创作需求。

two girls in style casual clothing
stand on the street of the city,front
view,photography --s 750 --v 5.1

two girls in style rural clothing
stand on the street of the city,front
view,photography --s 750 --v 5.1

two girls in style sport clothing
stand on the street of the city,front
view,photography --s 750 --v 5.1

two girls in style fashionable clothing
stand on the street of the city,front
view,photography --s 750 --v 5.1

需要注意的是，这些风格类描述词不仅可以应用于服装，同样也可以应用于室内装饰等领域。例如，casual style（休闲风格）、sport style（运动风格）、rural style（田园风格）、beach style（海滩风格）、fashionable style（时尚风格）、vintage style（复古风格）、minimalist style（简约风格）、bohemian style（波希米亚风格）、cowboy style（牛仔风格）、victorian style（维多利亚风格）等。

casual style,interior design,living
room,photography, photorealistic
--s 750 --v 5.1

sport style,interior design,living
room,photography, photorealistic
--s 750 --v 5.1

3.11　利用主题关键词控制画面

在前文，介绍了多种控制画面风格的关键词。然而，除了这些风格关键词，我们还可以利用主题关键词来进一步控制画面的呈现。在设计领域中，theme（主题）和 style（风格）虽然容易混淆，但实际上是两个截然不同的概念。

3.11.1　风格

风格（style）与设计的视觉和感知特征息息相关，它关乎设计的外观和给人的感觉，涵盖颜色、纹理、形状、布局等诸多元素。风格在设计中的体现，使每一个设计都拥有其独特的外观和特征。它通常用于描述设计的视觉或感觉属性，这些描述既可以是抽象的，例如现代、复古、简约等，也可以是具体的，如特定的艺术流派（如印象主义、抽象表现主义）或文化风格（如亚洲风格、西方风格）。

值得注意的是，同一个主题可以通过不同的风格来展现。例如，一个以变形金刚为主题的背包设计，既可以选择卡通风格，也可以尝试科幻、复古或现代风格。尽管每种风格都会为设计带来不同的外观和感觉，但背包的主题始终是变形金刚。

3.11.2　主题

主题（theme）通常指一个宽泛的概念、思想或灵感，为设计提供基本的方向或框架。它可以是一个特定的概念，例如变形金刚、大自然、科幻等，也可以是一种情感、故事或文化元素。主题为设计师提供了明确的焦点，在设计过程中引导他们的决策，涵盖颜色、图案、形状及材料等方面。主题常用于传达某种情感、故事或理念，以激发观者的共鸣或理解。同一主题可以在不同的设计中展现出多样的风格，因此，一个主题能拥有多种风格的表现方式。

例如，在设计画面时，可以引用以下各类主题。

- 超级英雄主题：以著名超级英雄（如蜘蛛侠、钢铁侠、蝙蝠侠等）为灵感的设计，包含相应的图案、色彩和形状，彰显超级英雄的特色。
- 太空/星际主题：太空和星际探索是广泛的主题，可以融入宇航员、宇宙飞船、行星和星系的元素，营造太空探险的氛围。
- 恐龙主题：恐龙是受欢迎的主题，可用于设计恐龙骨骼、化石、恐龙形象等元素。
- 动物主题：设计可以各种动物为灵感，如狮子、猴子、狼等，展现动物的特征和美感。
- 古代文化主题：以古代文明或文化为灵感的设计，例如埃及金字塔、中国古代文物、希腊神话等，展现历史和文化的丰富元素。
- 未来科技主题：设计体现未来科技、机器人、太空旅行等元素，营造科幻感。
- 童话故事主题：以经典童话故事（如《灰姑娘》《白雪公主》《小红帽》等）为灵感的设计，包含相应的故事角色和场景元素。

具体可以尝试使用以下的关键词来寻找灵感：transformers（变形金刚）、star wars（星球大战）、harry potter（哈利·波特）、marvel superheroes（漫威超级英雄）、dc superheroes（DC超级英雄）、star trek（星际迷航）、the lord of the rings（指环王）、world of warcraft（魔兽世界）、fallout（辐射）、dragon ball（龙珠）、doraemon（哆啦A梦）、pokémon（宠物小精灵）、the legend of sword and fairy（仙剑奇侠传）、godzilla（哥斯拉）、neon genesis Evangelion（新世纪福音战士）、a chinese odyssey（侠客风云传）、kung fu（功夫）、journey to the west（西游记）、investiture of the gods（封神演义）、dream of the red chamber（红楼梦）、calabash brothers（葫芦兄弟）、afanti（阿凡提）、monkey king: hero is back（大圣归来）、boonie bears（熊出没）。

　　简而言之，主题是设计的核心概念或灵感来源，而风格则体现了设计的视觉和感知特点。一个主题可以通过多种风格来展现，这完全取决于设计师的创意和设计目标。例如，在设计相机时，可以加入 transformers（变形金刚）这一关键词，以获得以此为主题灵感的设计图像，如下图所示。

第 4 章

使用 Midjourney 创作插画及照片素材

4.1 两种方法生成插画或漫画图像

4.1.1 关键词法

在 Midjourney 的提示词中，通过添加如 2D、illustration（插画）、line art（线描）、hand drawn（手绘）、vector（矢量图）、drawing（绘画）、watercolor（水彩画）、pencil（铅笔画）、ink style（水墨风格）、anime（动画）、flat painting（平面绘画）、comic（漫画）等关键词，可以精准地指定所需的图像类型，确保生成的图像属于插画或绘画类别。此外，使用 in style of 或 by…等语句，并附上插画艺术家的名字或知名插画、漫画作品的名称，Midjourney 便能生成各种风格独特的插画或漫画图像。例如，为了生成一幅具有特定风格的图像，笔者加入了 thin lines（细线条）、vector image（矢量图像）和 abstract lines（抽象线条）这三个关键词，并指定了 minimalist portrait（极简风格肖像），从而得到了符合要求的图像。

a minimalist portrait of a woman wearing a hat and scarf with tapered lines on a dark red gradient background,simple, thin lines, vector image, abstract lines --ar 2:3   --v 4

在生成下面的插画时，笔者在提示词中特别加入了知名插画艺术家的名字 Peter Elson。他是英国著名的科幻插画家，其作品主题经常聚焦于复杂的机器、外星人、星球和宇宙飞船等元素。通过这样的提示，Midjourney 能够捕捉到 Peter Elson 的独特艺术风格，并在生成的插画中体现出来。

ci-fi worldly garden of paradise by peter Elson --ar 2:3   --s 800 --v 5

4.1.2　参数法

在前文曾经讲解过的 Niji 模型，专门用于生成插画。

撰写提示词时，还可以添加 --style cute、--style expressive、--style original 以及 --style scenic 参数，以控制生成的效果。

```
pokemon gym leader fan character concept,full portrait, fairy type pokemon, inspired by
xernieas and sylveon, cute, light skin, heterochromia, long thick white pinkish colored hair,
pink and white colorful and vibrant, auroracore, by studio trigger --ar 2:3 --niji 5 --s 750
```

4.1.3　理解版本参数与插画的影响

虽然使用 v4、v5、v5.1、v5.2 或 Niji 版本参数都可以生成插画，但如本书在讲解版本参数时所强调的，v5.2 版本更倾向于生成照片般写实的效果。因此，在选择版本参数时，不能仅因 v5.2 版本级别更高就盲目偏好使用它。下面将展示在使用相同提示词的情况下，不同版本参数所生成的效果。

--v 5.2

--v 5

--niji 5

--v 5.1

4.2 不同的插画风格

1．中式剪纸平面风格效果

chinese new year posters,red,sunset, in
the style of minimalist stage designs,
landscape-focused,heavy texture --ar 2:3
--v 5.2 --s 350

2．细节华丽风格效果

Eguchi hisashi style,a captivating
portrait of a peking opera actress,
expressive eyes and dramatic features,
colorful costume --niji 5 --s 800
--ar 2:3

3．迷幻风格效果

psychedelic, sci-fi, colorful, disney
princess --ar 2:3 --v 5

4．华丽植物花卉风格效果

fusion between pointillism and
alcohol ink painting, vibrant,
glowing, Ethereal Elegant goddess by
anna dittmann, baroque style ornate
decoration, curly flowers and branches,
metallic ink, --ar 2:3 --v 4

5．滑稽风格插画效果

caricature art in the style of david low
--v 5.1 --s 500

caricature art in the style of Ed sorel
--v 5.1 --s 500

6．三角形块面风格效果

aerial view,in the style of cubist multifaceted angles, dark green and blue, many detail,a pirate stands on a very high hill, looking down at the whole city --ar 9:16 --v 4

7．彩色玻璃风格效果

aerial view, vibrant stained glass, in style of john william waterhouse,many detail,a pirate stands on a very high hill, looking down at the whole city --ar 9:16 --v 4

8．剪影画效果

aerial view, line draw, in style of silhouette,many detail,a pirate stands on a very high hill, looking down at the whole city --ar 9:16 --v 4

9．霓虹风格效果

aerial view, light painting neon glowing style, many detail,a pirate stands on a very high hill, looking down at the whole city --ar 9:16 --v 4

10．装饰彩条拼贴插画效果

dancer,abstract, op art fashion, multiple layers of meaning, paisley and ikat, origamic tessellation, vibrant brush strokes, intricate patterns, thought-provoking visuals --s 500 --v 5.1

11．厚涂笔触风格插画效果

fusion between sgraffito and thick impasto, stunning surreal sun flower art --s 500 --v 5.1

4.3 生成图像实拍效果

使用 Midjourney 可以生成各种风格和主题的高质量照片,涵盖人像、风光、动物、建筑、艺术品、家居、服装等多个领域。这些图像在广告设计、产品设计、网站设计、室内设计等行业中具有广泛应用价值。它们不仅大幅提升了素材搜集的效率,还有效减少了版权问题和拍摄成本。在创作这些素材图像时,建议使用 v5.1 或 v5.2 的模型版本,并结合本书介绍的技巧,灵活控制画面的视角、景别和颜色等属性,以达到更理想的创作效果。

pink camellia bush, iconic fashion Elite, high fashion ethnic textiles, long bulky dress, outdoor boreal forest, chinese girl,long hair, dance pose,detailed hair and figure, depth of field, realistic, vogue magazine cover photo style --ar 3:2 --v 5.2 --s 750

Extreme close - up. striking Eyes. pouty lips. face of beautiful woman. interplay of light and shadow. dramatic composition. --ar 2:3 --q 2 --style raw --v 5.1 --ar 16:9

a girl in a long dress stands on the beach at sunset, her long hair sways in the wind,her silhouette appears particularly beautiful. she looks up at the sky, water shimmering golden in the reflection of the sunset. panorama view --ar 3:2 --s 800 --v 5.1

4.4　生成纯底素材照片

在制作各类电商主图及宣传海报时，通常需要纯色背景的素材照片。传统方法需要先进行实拍，然后利用 Photoshop 等软件抠图，再将抠出的图像放置在纯色背景上。然而，使用 Midjourney 则可以简便地获取高质量纯色背景的素材图像。在创作时，只需添加如 white background、black background、gray background 等关键词，即可轻松指定背景为白色、黑色或灰色。当然，根据需求，还可以在 background 前面添加其他颜色词汇，以精确指定所需的背景颜色。

three fresh tomatoes isolated on white background. sparkling water droplets reflect light, light reflection, --ar 16:9 --s 800 --v 5

sliced whole grain bread. on white background --v 5.1

4.5　生成样机展示照片

样机作为设计作品的承载体，其作用是将设计作品应用到一个实物效果图中进行展示，从而使作品呈现得更加形象逼真。样机主要应用于 UI 界面设计、手机 App 设计、电子设备设计、包装设计、服装设计以及平面设计等多种场景的展示。通过使用 mockup image 关键词，我们可以轻松生成样机图像，而无须进行实际拍摄，从而大幅提升了设计展示的效率与便捷性。

mockup image,blurred beautiful woman pointing finger at a mobile phone with blank white screen --ar 3:2 --v 5

mockup image,a computer with blank white screen on table, minimalist decoration style studio --ar 3:2 --v 5

4.6 生成创意图像

　　创意图像的应用范围相当广泛，但其制作难度往往很大。传统方法通常需要先实拍素材，再由后期处理专业人员通过合成、拼接、融合等技术手段进行制作。然而，使用 Midjourney 则能够依靠丰富的想象力，轻松地创作出可应用于广告创意、时尚设计、电影特效制作等领域的各类创意图像。不过，这类图像的创建确实需要一定的技巧，创作者需要不断尝试和调整提示词的表述方式，以帮助 Midjourney"理解"并呈现出独特的创意。

fruit and vegetables in heart shape. food, fresh, vegetable, organic, white background, meal, avocado, nourishment, green, salad, dinner, lunch, ingredient --s 750 --v 5.1

4.7 模拟老照片

　　这里所提到的"老照片"包含两层含义。第一层含义是指照片的内容模拟的是旧时代的影像，第二层含义则是指照片本身呈现老旧的外观。要创作第一种类型的老照片，撰写提示词时应使用如 in the 1980s 等指明特定时代的关键词。而要创作第二种类型的老照片，则可以使用表达褐色、泛黄等老旧色彩特征的关键词。

a pair of young chinese lovers with an excited expression, wearing jackets and jeans, sitting on the roof, the background is beijing in the 1980s, and the opposite building can be seen,summer --s 750 --ar 3:2 --v 5

albert Einstein squatting on the streets of china and setting up a street stall, defocus,magnum photo style, realistic --ar 3:2 --s 750 --v 5

4.8　生成幻想类照片

　　幻想类照片的图像内容常常包括奇幻仙境、科幻场景、外星世界以及超现实梦幻画面。这类图像常被用于游戏、电影及多媒体艺术作品的制作、宣传。在创作这类图像时，应注重使用包含 light（光）、energy（能量）、surreal（超现实）、chaos（混沌）、alien（外星）、high-tech（高科技）、cyberpunk（赛博朋克）等元素的关键词，以便更好地营造出所需的幻想氛围。

big eyes girl,water bending shot water tribe influence full body, epic,dynamic pose,action movie capture, temple. fantasy, movie lighting effects,photorealistic,wide angle --ar 2:3 --v 5.1 --s 800

big eyes girl,epic fire bending shot fire tribe influence full body, epic,dynamic pose,action movie capture, temple. fantasy, movie lighting effects,photorealistic,wide angle --ar 2:3 --v 5.1 --s 800

super handsome chinese general in gold armor beard and big eyes,general of the three kingdoms, wide angle, war background,fire and smoke, hyperreal, hyperdetailed,back lighting,full portrait --ar 2:3 --no helmet --v 5.1 --s 750

big eyes girl,electricity bending shot, electricity tribe influence, full body, epic,dynamic pose,action movie capture, temple. fantasy, movie lighting effects,photorealistic,wide angle --ar 2:3 --v 5.1 --s 800

第 5 章

使用 Midjourney 辅助产品设计

5.1 使用Midjourney进行创意设计的5种方法

5.1.1 表述发散法

这种方法主要是利用诸如 surprising（令人惊讶）、fascinating（令人着迷）、futuristic（未来感）、luxurious（奢华感）等形容词作为关键词，让 Midjourney 随机进行创作。其优势在于能够借助 Midjourney 的强大性能，生成成百上千种不同效果的设计方案。然而，其劣势在于效果无法重现，即使使用相同的提示词，也无法创作出完全相同的设计方案。

5.1.2 属性定制法

通过在提示词中明确指定属性、材质和造型，可以定制符合特定要求的设计方案。这种方法的优势在于能够将设计师心中的方案具体化，并利用 Midjourney 的创作功能为其他未定制的属性增添随机性。

5.1.3 设计师及设计风格借鉴法

在提示词中加入知名设计师的名字或特定的设计风格，如著名建筑师扎哈·哈迪德（Zaha Hadid）的设计以其流动性、曲线和非传统的几何形状而著称，常被视为现代主义和后现代主义的代表。在提示词中加入 in style of Zaha Hadid 后，可以让自己的设计方案也呈现典型的扎哈·哈迪德风格。同样，如果希望在设计方案中融入挪威设计元素，可以在提示词中添加 in style of Norwegian。此外，还可以加入不同的国家、民族、文化类型，甚至是其他产品的关键词，让 Midjourney 从中汲取灵感，创作出独具特色的设计方案。例如，在设计沙发时，可以加入关于耳环的关键词，让 Midjourney 跨产品类型进行风格借鉴。

5.1.4 参考法

首先找到想要借鉴的参考方案，然后将其上传至 Midjourney 中。通过运用本书前文讲述的"以图生图的方式创作新图像"及"用 blend 命令混合图像"两种方法，让 Midjourney 在借鉴这些图片中的方案基础上创作出新的设计方案。

5.1.5 融合法

顾名思义，这种方法在创作时会综合运用以上 4 种方法，撰写出更加复杂的提示词。但需要注意的是，目前 Midjourney 的理解能力有限，过于复杂的提示词可能会导致 Midjourney 顾此失彼。尽管如此，这仍然是一种值得尝试的方法，因为它能够融合多种创作思路，产生更加丰富多样的设计效果。

5.2　家装设计

5.2.1　置物架设计

如果需要获取多种置物架设计的灵感，可以使用像 a mesmerizing wall shelving（令人着迷的墙架）这样描述较为抽象的提示词。下面是笔者多次使用此提示词后得到的设计方案，可以看出效果各异，且每一个方案都具有参考和借鉴的意义。

a mesmerizing wall shelving --chaos 50 --ar 16:9 --s 1000 --v 5.2 --style raw

当然，在创作时，也可以添加关于置物架材质、形状和风格的描述。例如，在下面的提示词中，笔者加入了金属、矩形、蒙德里安风格等关键词。

a shining metal wall shelving,gold,rectangle, mondrian style --chaos 5 --ar 16:9
--s 500 --v 5.2

5.2.2　椅子设计

下面的椅子设计使用了属性定制法、设计师及设计风格借鉴法。

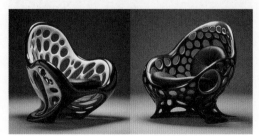 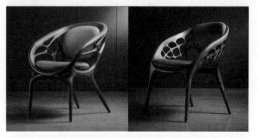

armchair, intricate black organic
shape, openworked, mesh structure,
surface decorated with white arcs --v 5.2
--s 750

the dining chair is innovative in
style, norwegian minimalist style,
made of wood. side view,light gray
background --s 650 --v 5.2

5.2.3　沙发设计

下面的沙发设计使用了属性定制法和融合法。

the sofa chair is painted in bold primary colors, with a square geometric pattern, leather, fine texture, and avant-garde shape --v 5.2 --s 750

design a budget-friendly shoe store blue round sofa in the center and square mirror　--v 5.2 --s 750

a round sofa inspired by the wireframe sofa by industrial facility for herman miller,more geometric form. the thick cushions should all be blocky --ar 3:2 --s 200 --v 5.2

sofa design,the luxurious throne in the game,abstract wings on both sides, gold and leather,purple diamond, blue auxiliary color --ar 3:2 --s 650 --v 5.2

5.2.4　茶几设计

下面的茶几设计使用了表述发散法、属性定制法和融合法。

living room table design,a traditional - style chinese desk, rich in cultural and historical significance --ar 3:2 --s 650 --v 5.2

coffee table design,flat abstract art, fluid geometric forms,tabletop made of glass,circle legs made of gold --ar 3:2 --s 650 --v 5.2

5.2.5　灯具设计

下面的灯具设计使用了表述发散法、属性定制法、融合法、设计师及设计风格借鉴法。

fashion desk lamp design, glass material, black and gray glass, transparent, round lampshade, pyramid shaped lampshade --v 5.2 --s 750 --style raw

stylish table lamp design in mushroom shape,wood material, black and gray lampshade, there are many regular holes on the lampshade --v 5.2 --s 750 --ar 3:2 --style raw

5.2.6　花瓶与花架设计

下面的花瓶与花架设计使用了属性定制法、融合法、设计师及设计风格借鉴法。

design a flower stand made of wood, inspired by the incense burner ding, combined with the function of the flower stand

wooden vases with green plant, rosenthal style, translucent planes, arched doorways, hard-edge style, light black and brown --v 5.2 --s 750 --ar 3:2

5.2.7　办公室设计

下面的办公室设计使用了属性定制法、设计师及设计风格借鉴法。

big office with norwegian furniture made modern,ultra high end quality,wood tone,warm,high glass lamps --ar 3:2 --c 19 --s 532 --v 5.2

a fashion office with glass doors,modern,round,circle,red fashion lamps --ar 3:2 --c 1 --s 532 --v 5.2

5.2.8 客厅设计

下面的客厅设计使用了表述发散法、属性定制法、设计师及设计风格借鉴法。

living room ultra modern design with yellow and blue color scheme,a modern interior gray walls concrete luxurious penthouse, architectural,wood design furniture --ar 16:9 --q 2 --s 500 --v 5

living room, designer edgy brooklyn apartment, muted,modernist furniture, moldings around door and windings and celling edges --ar 16:9 --q 2 --s 500 --v 5

5.2.9 卧室设计

下面的卧室设计使用了表述发散法、属性定制法、设计师及设计风格借鉴法。

interior design for a modern stylish bedroom, leaf design on bedding, lime green and bright green design

luxury girl bedroom design with trendy colors and lights --v 5.2 --s 750

25 years old girl small bedroom design high quality render from all walls, modern --v 5.2 --s 750

5.2.10　浴室设计

下面的浴室设计使用了表述发散法、属性定制法、设计师及设计风格借鉴法。

modern bathroom, lights track, in the style of jeppe hein, curved mirrors, neo-concrete, light black, by hans hinterreiter, by tondo, by kitty lange kielland --ar 3:2 --s 450 --v 5.2

a typical spanish luxurious cabin bathroom designed by josep puig i cadafalch constructed and white and gold aesthetic, --ar 3:2 --s 450 --v 5.2

5.3　设计箱包、鞋袜、服装要掌握的关键词

5.3.1　箱包类

1．包的类型与材质

包的类型关键词包括 backpack（背包）、envelope bag（信封包）、shoulder bag（单肩包）、wallet（钱包）、courier bag（邮差包）、money clip（皮夹）、handbag（手提包）、travel bag（旅行包）、laptop bag（电脑包）、satchel bag（邮差包）、waist bag（腰包）、chest bag（胸包）、golf bag（高尔夫袋）、crossbody bag（斜挎包）、canvas bag（帆布袋）、box bag（箱包）、hobo bag（挎包）、cardholder（卡包）、backpack（书包）、travel bag（旅行袋）、briefcase（公文包）、business bag（商务包）、document bag（文件包）等。

包的材质关键词包括 leather（皮革）、canvas（帆布）、nylon（尼龙）、silk（丝绸）、wool（毛织物）、plastic（塑料）、polyester fiber（聚酯纤维）、synthetic leather（人造皮革）、straw（草编）、metal（金属）、wood（木材）、plastic bag（塑料袋）、paper（纸质）、fabric（织物）、suede（绒面）、velvet（天鹅绒）、rubberized fabric（胶布）、linen（亚麻）、cotton（棉质）、lace（蕾丝）等。

2．旅行箱的类型

旅行箱的类型关键词包括 suitcase（行李箱）、rolling luggage（轮箱）、carry-on luggage（手提箱）、cabin luggage（登机箱）、hardshell luggage（硬壳箱）、softshell luggage（软壳箱）、shoe bag（鞋袋）、wheeled duffel bag（滚轮包）、travel backpack（旅行背包）、canvas duffel bag（帆布袋）、golf travel bag（高尔夫旅行袋）、travel bag（旅行包）、garment bag（钱包箱）、shoulder bag（肩背包）、packing cubes（收纳袋）、foldable bag（折叠袋）、ski bag（滑雪袋）、fishing bag（钓鱼袋）、skateboard bag（滑板袋）、tote bag（手提袋）等。

5.3.2　鞋袜类

1．运动鞋的类型与材质

运动鞋的类型关键词包括 athletic shoes（运动鞋）、running shoes（跑步鞋）、basketball shoes（篮球鞋）、soccer cleats / football boots（足球鞋）、tennis shoes（网球鞋）、hiking shoes / hiking boots（登山鞋）、track and field shoes（田径鞋）、golf shoes（高尔夫鞋）、mountaineering boots（登山靴）、boxing shoes（拳击鞋）、rugby boots（橄榄球鞋）等。

运动鞋的材质关键词包括 leather（皮革）、synthetic leather（合成皮革）、mesh（网布）、polyester（涤纶）、nylon（尼龙）、fabric（织物）、suede（绒面）、rubber（橡胶）、ethylene vinyl acetate（乙烯醋酸乙烯）、spandex / lycra（氨纶）、suede（皮料）、pu leather（PU 皮革）、microfiber（微纤维）、high-performance mesh（高弹性网布）等。

2．袜子的类型

袜子的类型关键词包括 athletic socks（运动袜）、casual socks（休闲袜）、knee-high socks（长筒袜）、mid-calf socks（中筒袜）、crew socks（踝筒袜）、thigh-high socks（长袜）、short socks（短袜）、nylon stockings（丝袜）、no-show socks（隐形袜）、non-slip socks（防滑袜）、embroidered socks（刺绣袜）、fishnet stockings（鱼网袜）、boat socks（船袜）、cotton socks（棉袜）、polyester socks（涤纶袜）、wool socks（羊毛袜）、silk socks（丝绸袜）等。

5.3.3　服饰类

1．T恤、Polo衫的类型与材质

T 恤、Polo 衫的类型关键词包括 crewneck short sleeve t-shirt（圆领短袖 T 恤）、v-neck short sleeve t-shirt（V 领短袖 T 恤）、crewneck long sleeve t-shirt（圆领长袖 T 恤）、sleeveless t-shirt（无袖 T 恤）、printed t-shirt（印花 T 恤）、slim fit t-shirt（修身 T 恤）、oversized long sleeve t-shirt（长袖宽松 T 恤）、short sleeve polo shirt（短袖 Polo 衫）、long sleeve polo shirt（长袖 Polo 衫）、flat collar polo shirt（平折领 Polo 衫）、stand-up collar polo shirt（立领 Polo 衫）、printed polo shirt（印花 Polo 衫）、slim fit polo shirt（修身 Polo 衫）、classic polo shirt（经典 Polo 衫）、sports polo shirt（运动 Polo 衫）、golf polo shirt（高尔夫 Polo 衫）等。

T 恤、Polo 衫的材质关键词包括 cotton（棉质）、cotton blend（棉混纺）、linen（亚麻）、linen-cotton blend（麻棉混纺）、linen-silk blend（麻丝混纺）、polyester（涤纶）、polyester-cotton blend（涤棉混纺）、soy fiber（大豆纤维）、GANic cotton（有机棉）等。

2．帽子的类型

帽子的类型关键词包括 baseball cap（棒球帽）、beanie（无檐帽）、sun hat（防晒帽）、cowboy hat（牛仔帽）、beret（贝雷帽）、newsboy cap（报童帽）、flat cap（平顶帽）、visor（带檐帽）、trapper hat（猎人帽）、pillbox hat（胶囊礼帽）、cloche hat（小圆帽）等。

3．丝巾的类型与材质

丝巾的类型关键词包括 square scarf（方巾）、long scarf（长巾）、silk scarf（丝巾）、shawl（披肩）、cape（披风）、neck scarf（围巾）、blanket scarf（披毯式围巾）、cravat（领巾）、handkerchief（面巾）等。

丝巾的材质关键词包括 silk（丝绸）、wool（羊毛）、cotton（棉质）、polyester（涤纶）、soy fiber（大

豆纤维）、linen（亚麻）、chiffon（薄纱）等。

5.3.4　男式包设计

下面的男包设计使用了前文讲述的属性定制法和融合法。

laptop bag for man,leather with sharp
texture,no pattern,minimalist style,
external pocket --ar 3:2 --v 5.1
--s 500

laptop bag for man,polyester fiber,no
pattern,blakc and red,minimalist style
--ar 3:2 --v 5.2 --s 500

5.3.5　女式包设计

下面的女包设计使用了属性定制法。

backpack design, product image,
white background, women high-
end multifunction soft pu leather
handbag double layer large capacity
backpack,fLoRAl pattern print, glod
grommet,blue --s 800 --v 5.2

square backpack with rounded
corners design, product image,white
background,silver backpack with gold
nails, crocodile skin texture, women
multi-functional mini backpack with 3
Exterior pockets --s 800 --v 5

women artificial leather Elegant large
capacity tote handbag with picasso-
style decorative motifs, 3 Exterior
pockets --s 800 --v 5.2

backpack design, product image, white
background, women soft yellow casual
canvas bucket handbag with metal
grommet, fashion style --s 800 --v 5.2

5.3.6 旅行箱设计

下面的旅行箱设计使用了属性定制法。

softside Expandable luggage with spinners, plum, layered design, copper zipper, multiple Exterior pockets --v 5.2 --s 750

luggage sets 4-piece,pink color,aerospace-grade aluminum shell,cute bear pattern, metal pull rods, spinner wheel --v 5.1 --s 750

luggage design, white background,silver hardside with gold nails, crocodile skin texture,multi-functional with Exterior pockets,metal pull rods, spinner wheels --s 800 --v 5.0

luggage design, white background,irregular polyhedron structure shape,made of glossy composite, holographic projection,biometric handle,laser blue and silver --s 800 --v 5.0

5.3.7 女式鞋子设计

下面的女鞋设计使用了表述发散法、属性定制法和融合法。

silver wedding dress shoes, white background,pretty and shining

a leather gladiator woman sandals with cut out detailing and a cowboy heel, bold, with 6 leather straps but only 3 metal silver buckles, black lines, --v 5.2 --s 750

women's platform sandals wedge open toe ankle strap lace wedding shoes bridesmaid shoes,ribbon, lace, decorated with diamonds　--ar 3:2 --v 5.2 --s 750

women's low heel flat lolita shoes,t-strap round toe ankle strap,with cute bear engraved texture pattern, yellow and black leather weave --ar 3:2 --v 5.2 --s 750

5.3.8　运动鞋设计

下面的运动鞋设计使用了表述发散法、属性定制法和融合法。

minimalist sports shoes design,product picture,white background,piet mondrian style,complex and exquisite shoe upper structure design --ar 3:2 --s 500 --v 5.2

5.3.9　T恤衫、Polo衫设计

下面的服装设计使用了属性定制法。

v-neck short sleeve t-shirt for man,gradient color from top to bottom, regularly arranged dot pattern --s 800 --v 5.2 --ar 3:2

oversized long sleeve t-shirt for woman,small flower patter,minimalist style --s 800 --v 5.2 --ar 3:2

5.3.10　连帽衫、户外夹克、运动服设计

下面的服装设计使用了属性定制法。

storm jacket, product view, loose , a-line fit clothes, small pocket , splicing process, rock gray, dark brown and olive contrast --ar 2:3 --v 5.2 --no human --s 750

a softshell jacket for man,several pockets , product view, white background, loose,a-line fit, very diverse, dark brown and olive , small line pattern on bottom edge --ar 2:3 --s 500 --v 5.2

new set of red and black sport uniform, chinese dragon pattern print --s 800 --v 5.2

digital mockup of one mens jogging suit, light colorway fire egine red and white. regularly arranged white vertical wavy pattern lines on a dark blue background --s 800 --v 5.2

5.3.11　领带设计

下面的领带设计使用了风格借鉴法、属性定制法、融合法。

tie with gold background, diamond pattern --v 5.1 --s 750

tie with red background, blue and white stripes --v 5.1 --s 750

5.3.12　帽子设计

下面的帽子设计使用了表述发散法、属性定制法和融合法。

a baseball cap, made of textured cotton. it showcases a prominent zulu warrior emblem in the foreground, colored in burnt sienna and muted gold --v 5.1 --s 750

beanie cap,woolen, in a shade of earthy taupe. the front embossed with an ostrogothic crest in gold thread. background is a wooden table laden with ancient manuscripts. --s 750 --v 5.0

5.3.13　袜子与丝巾设计

下面的袜子与丝巾设计使用了发散法、风格借鉴法、属性定制法和融合法。

cotton socks with a modern creative elegant pattern, white and navy palette, designed by pierre cardin --s 800 --v 4 --ar 3:2

polyester socks with dark blue background, regularly arranged white vertical wavy pattern lines --s 800 --v 4 --ar 3:2

silk scarf with chinese patterns,vintage feel --s 800 --v 4 --ar 3:2

silk neck scarf with gold background, victorian style pattern, luxury feel --s 800 --v 5.0 --ar 3:2

5.4 珠宝设计常用关键词

5.4.1 常见的珠宝类型关键词

常见的珠宝类型关键词包括 ring（戒指）、bracelet（手链）、necklace（项链）、earrings（耳环）、choker（颈链）、waist chain（腰链）、anklet（脚链）、ring set（戒指套装）、necklace set（项链套装）、personalized jewelry（个性化首饰）、stud earrings（珠宝耳钉）、drop earrings（耳坠）、bangle（手镯）、beaded necklace（护身符珠串）、earrings（耳环）、bracelet（手镯）、hairpin（把件）、pendant（佩饰）、hairpin with tassel（钗子）、pendant with tassel（坠子）、jade pendant（玉佩）、ring（戒指）、bangle（镯子）、bracelet（手链）、jewelry set（首饰套装）、finger ring（指环）、tassel pendant（璎珞）、hair ornament with flowers（花翎）、bowknot ribbon（蝴蝶结）、hair clip（发卡）、earring drop（耳坠）、headband（头环）、waist pendant（腰坠）、wrist pendant（腕坠）、headwear（头饰）等。

5.4.2 常见的珠宝材质关键词

常见的珠宝材质关键词包括 gold（黄金）、platinum（白金）、silver（银）、diamond（钻石）、pearl（珍珠）、jade（翡翠）、ruby（红宝石）、sapphire（蓝宝石）、emerald（绿宝石）、agate（玛瑙）、crystal（水晶）、amber（琥珀）、lapis lazuli（玛雅石）、carnelian（红玛瑙）、turquoise（绿松石）、black pearl（黑珍珠）、coral（珊瑚）、glass（玻璃）、rose gold（玫瑰金）、sterling silver（白银）、black ceramic（黑陶瓷）、old mine jadeite（老坑翡翠）、moonstone（蛋白石）、garnet（石榴石）等。

5.4.3 知名珠宝品牌关键词

知名珠宝品牌关键词包括 cartier（卡地亚）、tiffany（蒂芙尼）、bvlgari（宝格丽）、harry winston（汉利·温斯顿）、van cleef & arpels（梵克雅宝）、montblanc（万宝龙）、piaget（伯爵）、chopard（萧邦）、swarovski（施华洛世奇）、hermès（爱马仕）、calvin klein（克莱恩·卡尔文）、de beers（戴·比尔斯）、versace（范思哲）等。

5.4.4 地域风格关键词

地域风格关键词包括 chinese style（中国风）、japanese style（日本风）、indian style（印度风）、islamic art（伊斯兰艺术）、persian art（波斯艺术）、ancient egyptian art（古埃及艺术）、ancient greek style（古希腊风）、ancient roman style（古罗马风）、baroque style（巴洛克风格）、ancient egyptian style（古埃及风）、african tribal art（非洲部落艺术）、african modern art（非洲现代艺术）、native american art（印第安艺术）、native american modern art（美洲艺术）、ancient inca cultural art（古代印加文化艺术）、aztec art（阿兹特克艺术）、mayan art style（玛雅艺术风格）、mexican folk art（墨西哥民间艺术）、inca art style（印加艺术风格）等。

5.4.5 珠宝工艺关键词

珠宝工艺关键词包括 inlay（镶嵌）、gemstone inlay（镶嵌宝石）、pearl inlay（镶嵌珍珠）、diamond inlay（镶嵌钻石）、sapphire inlay（镶嵌蓝宝石）、agate inlay（镶嵌玛瑙）、coral inlay（镶

嵌珊瑚）、jade inlay（镶嵌翡翠）、crystal inlay（镶嵌水晶）、fine engraving（精细雕刻）、riveting（铆钉）、pave setting（布满宝石）、handcrafted details（手工细节）、hand carving（手工雕刻）、antique craftsmanship（古董工艺）、beadwork（珠绣）、thread cutting（螺纹切割）、silk weaving（丝绸编织）、flint striking（燧石打火）、crochet（钩织）等。

5.4.6　珠宝造型关键词

珠宝造型关键词包括 classic style（经典造型）、contemporary style（现代造型）、vintage style（古典造型）、royal style（宫廷造型）、romantic style（浪漫造型）、retro style（复古造型）、art deco style（艺术装饰风格）、nature-inspired style（自然主题造型）、minimalist style（简约造型）、abstract style（抽象造型）、ethnic style（民族风格）、exotic style（异域风格）、modern design（现代设计）、elaborate style（复杂造型）、minimalism（极简主义）、sci-fi style（科幻风格）、traditional style（传统造型）、tribal style（部落风格）、avant-garde style（艺术新颖风格）、mod style（摩登造型）等。

5.4.7　珠宝形状关键词

珠宝形状关键词包括 round（圆形）、square（方形）、oval（椭圆形）、marquise（马眼形）、pear（钻石形）、heart（心形）、princess cut（公主方形）、emerald cut（祖母绿形）、cushion cut（椭圆形）、radiant cut（辐射形）、asscher cut（雅典娜形）、triangle（三角形）、pentagon（五角形）、hexagon（六角形）、decagon（十角形）、carved shape（雕花形）等。

5.4.8　珠宝外观关键词

珠宝外观关键词包括 precious（珍贵的）、exquisite（华丽的）、delicate（精致的）、elegant（高雅的）、dazzling（耀眼的）、luxurious（奢华的）、sparkling（璀璨的）、gorgeous（绚丽的）、opulent（珠光宝气的）、unique（独特的）、antique（古老的）、fine（精美的）、artistic（艺术的）、masterful（精湛的）、sumptuous（富丽堂皇的）、shimmering（闪亮的）、enchanting（奇妙的）、gemstone（珠宝的）、graceful（优雅的）、high-end（高档的）等。

5.4.9　知名珠宝设计师关键词

知名珠宝设计师关键词包括 katharine legrand（卡特琳娜·罗格朗）、michael hill（迈克尔·希利）、sarah jones（莎拉·琼斯）、isabel canaple（伊莎贝·卡普莱斯）、ralph lauren（拉尔夫·洛伦）、victor hoffmann（维克多·赫芬）、andrea cagliari（安德烈亚·卡利亚里）、caroline habib（卡洛琳·海伯）、tony duquette（托尼·杜罗奇）、van cleef & arpels（梵·克雅宝）、harry winston（哈里·温斯顿）、fred leighton（弗雷德·莱特）、lisa eldridge（丽莎·埃尔德里奇）、julian macdonald（朱莉安·麦克唐纳）、stephen webster（斯蒂芬·韦伯斯特）、andrea gin（安德烈亚·金）、maria canale（玛丽亚·卡尼亚罗）、lala·ounis（拉拉·奥尼斯）等。

5.4.10　设计珠宝产品的3个思路

1. 利用表述发散法设计珠宝

下页图展示的是笔者运用表述发散法，分别以 Elegant（高雅的）、Sparkling（璀璨的）、Unique（独特的）、Antique（古老的）、Artistic（艺术的）、Shimmering（闪亮的）这 6 个关键词为灵感，设计的珠宝示例。

diamond necklace design,unique --ar 3:2
--v 5.2 --s 500

diamond necklace design,sparkling
--ar 3:2 --v 5.2 --s 500

diamond necklace design,antique --ar 3:2
--v 5.2 --s 500

diamond necklace design,artistic
--ar 3:2 --v 5.2 --s 500

diamond necklace design,elegant --ar 3:2
--v 5.2 --s 500

diamond necklace design,shimmering
--ar 3:2 --v 5.2 --s 500

2．利用属性定制法设计珠宝

下面展示的是笔者分别通过提示词定义珠宝上宝石的类型与形状，来设计珠宝的示例。

dangling droplet Earrings, the shape of
these earrings resembles the posture
of a droplet falling from a height,
with slender and smooth lines, white
background --v 5.2 --s 750

pendants,the milky way style,
sapphiremain stone,little sapphire,
little pearl, diamonds, gold and white
gold --v 5.2 --s 750

infinity sign pendant diamond
jewels,minimalist,elegant --v 5.2 --s 750

earring made of gold, the circle with a
diameter of three centimeters is shiny on
the circle, and there are raised grooves on
the circle, --v 5.2 --s 750

pyramid stacking necklace,the necklace's
design resembles a stack of pyramids,
gradually increasing in size from top to
bottom,minimalist --v 5.2 --s 750

circular square necklace,a series of
circular square shapes hang on the chain,
each square connected at a different
angle, forming a continuous circular
structure,white gold and diamond --v 5.2
--s 750

3．利用设计风格参考法设计珠宝

　　下面展示的是笔者分别以 Chinese style（中式风格）、Tibetan style（西藏风格）、Islamic art（伊斯兰风格）、
Ancient Egyptian art（古埃及风格）、African tribal art（非洲部落风格）、Aztec art（阿兹特克风格）为
灵感设计的珠宝示例。

Earrings design,chinese style --ar 3:2
--v 5.2 --s 500

Earrings design,tibetan style　 --ar 3:2
--v 5.2 --s 500

Earrings design,islamic art --ar 3:2
--v 5.2 --s 500

Earrings design,ancient egyptian art
--ar 3:2 --v 5.2 --s 500

Earrings design,african tribal art
--ar 3:2 --v 5.2 --s 500

Earrings design,aztec art --ar 3:2
--v 5.2 --s 500

5.5 设计文创产品

    文创产品是旅游景点的重要收入来源，借助 Midjourney，我们可以设计出与众不同的文创产品。下面展示的是笔者以故宫为主题，创作的冰箱贴。

transparent plastic shaped fridge
magnet of forbidden city --s 800 --v 5

a glass 3d round fridge magnet with
sculpted forbidden city --s 800 --v 5

a 3d round fridge magnet with sculpted
forbidden city --s 800 --v 5

a irregular edge 3d fridge magnet of
forbidden city --s 800 --v 5

5.6　设计特效文字

特效文字素材可广泛应用于海报设计、广告设计、UI 设计、Logo 设计等各个领域。在使用 Midjourney 创作特效文字时，应着重撰写能够改变文字材质和造型的提示词。

letter h made of red and orange flaming lightning --v 5.1 --s 750 --ar 3:2

letter h in style of emblem,eagle, vector,fashion,in 2300s --v 5.0 --s 750 --ar 3:2

letter h covered with butterflies, hyper-realistic details --v 5.1 --s 750 --ar 3:2

letter h made of cracked concrete, exaggerated expression --v 5.1 --s 750 --ar 3:2

a futuristic version of the letter h --v 5.1 --s 750 --ar 3:2

5.7　设计数码产品造型

借助 Midjourney 天马行空的创意能力，创作者可以尝试运用多种方法来设计数码产品，并从这些方案中汲取创意灵感。

humidifier, industrial design, beautifully rendered　--s 750 --v 5.1

conical,artificial intelligence speakers, modeling, bang&olufsen style, knit fabric, aluminum, metal band, round triangle --v 5.2 --s 600

futuristic sci-fi keyboard --s 750
--v 5.2

portable bluetooth speaker with
dazzling lights, cloth mesh process,
simplicity, the top is a hexagon, the
bottom is a circle, --s 750 --v 5.2

an air purifier, modern industrial
design, simplicity, black and silver,
blue lights, with a big square air
outlet, with 4 small casters --v 5.2
--s 600

a cute oven specially designed for
girls, bear shape, pink, silver handle
--v 5.2 --s 600

5.8 设计UI图标

如果对 UI 图标的设计要求不是特别高，完全可以利用 Midjourney 来生成独特的 UI 图标。下面展示了使用 Midjourney 创作单个图标与成套图标的提示词和效果。

game icon design, 3d design, square shape, with rococo style luxurious metallic rounded
corners, semi-transparent glass texture background, and a gemstone in the center. --v 4
--s 500

3d,game sheet of
different types of
medieval armor, white
background, shiny, game
icon design,style of
hearthstone --s 800
--v 4

game icon design, game
pack icons medival
wooden shield, white
background,made of chrome
--v 4 --s 500

3d stylised dj icons
concept for slot game
--s 750

5.9　设计表情包

使用 Midjourney 可以生成设计独特的表情包，下面展示了使用 Midjourney 创作的表情包提示词和作品。

the various expressions of cute cat,emoji
pack,multiple poses and expressions, [happy,
sad, expectant,laughing,disappointed,su
rprised, pitiful, aggrieved, despised,
embarrassed, unhappy] 3d art,c4d,octane
render,white background --v 5

the various expressions of cute
dragon,emoji pack,multiple poses and
expressions, [happy, sad, expectant,lau
ghing,disappointed,surprised, pitiful,
aggrieved, despised, embarrassed, unhappy]
cartoon style,white background --v 5

5.10　设计游戏角色与道具

游戏角色与道具设计是非常适合使用 Midjourney 进行创作的领域，这也是许多游戏公司将 AI
接入正式工作流程的原因。

game character, dwarf holding axe

2d style viking character turnaround

3d toon stylised cute totem character
concept for game --s 750

3d toon stylised close up to a forge
table with a hot sword hit by hammer
concept for slot game --s 750

goblin in beach buggy cool vehicle

a cursed sword with red Energy and a
black blade

第 6 章

Midjourney 广告创意制作实战

6.1 海洋生态公益广告

6.1.1 广告背景

　　海洋占据了地球表面的 71%，是地球上最广阔、最深邃、最神秘的领域。它孕育了无数生命，并为地球生态系统提供了丰富的资源和能量。然而，随着人类社会的不断发展，海洋生态环境正遭遇空前的挑战。塑料污染问题日益凸显，海洋中的塑料垃圾与日俱增，这些垃圾不仅破坏了海洋生物的栖息地，更对其生命安全构成了直接威胁。海洋生物的生存空间被持续压缩，导致海洋生态系统的平衡被严重破坏。因此，提高人们对塑料污染给海洋生物带来的致命威胁的认识，强调海洋生态的重要性，以及倡导保护海洋就是保护我们自己的理念，已成为当今社会亟待解决的问题。

6.1.2 广告思路

　　广告主题为"十面埋伏"，旨在通过描述海洋生物与其赖以生存的环境之间的关系，来突出塑料污染所带来的危害性，并进一步延续环境保护的主题思想，以唤起更多人对自然环境保护的关注和行动。

　　在深邃而神秘的水下世界中，一只无助的海龟正在缓慢而艰难地游动。它的眼神里透露出迷茫与恐惧，仿佛在寻找出路，却又感到四面楚歌。广告巧妙地运用了比喻手法，将无数缠绕着塑料膜的手比作纠缠的水草，它们从四面八方伸向海龟，如同布下了"十面埋伏"。这一形象而生动的表达方式，深刻地揭示了海洋生物正面临着塑料制品的"围剿"，处境岌岌可危。这则广告以强烈的视觉冲击力，警示人们必须重视并保护海洋环境。

01　根据广告思路构建画面"一只海龟被困在许多塑料袋中，这些塑料袋就像伸出的手"。然后使用翻译软件将广告思路翻译为英文。打开discord网站，使用Midjourney进行图片生成，输入/imagine并将提示词输入文本框中，生成的效果如下左图所示。

02　生成画面较为杂乱，且画面较满，无法突出海洋主题，修改关键词添加Underwater（水下）关键词，并在海龟相关描述中添加位置描述词Center（中央），生成效果如下右图所示。

 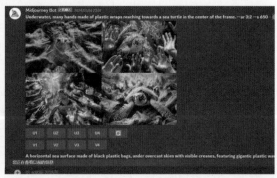

03　在描述词后方添加风格化参数--s 650，参数值越大生成画面的艺术效果更明显，但可能会增加提示词的理解

难度，生成效果如下左图所示。

04 在描述词后方添加参数--style RAW，使用此参数可以使文本描述更加准确，生成效果如下右图所示。

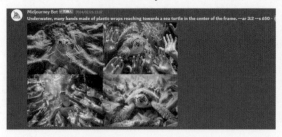 

05 单击U4图标并将图片下载保存至本地，使用
Photoshop等后期处理软件为图片添加广告主题、
标语的相关文字，并根据画面主题完成文字排版，
最终效果如右图所示。

6.2 海洋生态公益广告

6.2.1 广告背景

塑料污染已成为威胁海洋生态的严重问题。大量塑料垃圾被随意丢弃，最终流入大海，给这片蔚蓝的家园带来了空前的挑战。漂浮在海面上的垃圾不仅严重威胁着海洋生物的安全，同时也破坏了海洋的生态平衡。由于这些垃圾的存在，海洋正在逐渐失去其生机与活力。因此，保护海洋生态、抵制塑料污染已经迫在眉睫！

6.2.2 广告思路

"十面埋伏"主题旨在揭示环境污染对海洋生物的严重威胁，而"海上日出"则展现了环境污染对海洋环境的深远破坏。

在这片曾经宁静的海面上，如今已被密密麻麻的黑色塑料袋所覆盖。它们如同海浪一般在海面上翻滚涌动，层层叠叠，仿佛正欲将整个海洋吞噬。天空乌云密布，阳光试图穿透厚厚的云层，却显得如此苍白无力。这幅画面持续向观众传递着一种沉重的压抑感。广告巧妙地运用了比喻手法，将塑料袋形成的海浪波涛进行组合堆叠，营造出一种黑暗海洋风暴即将来临的紧迫感。这种沉重而压抑的末日氛围无声地渗透到每个观众的心中，警示我们：如果人类继续对环境问题视而不见，那么未来必将面临更为严峻的后果。保护环境，拒绝塑料污染，已经刻不容缓！

01 根据广告思路构建画面"由黑色塑料袋构成的海面，天空阴云密布，塑料袋的纹理非常清晰"。然后使用翻译软件将广告思路翻译为英文。打开discord网站，使用Midjourney进行图片生成，输入/imagine并将提示词输入文本框中，生成效果如下左图所示。

02　生成画面完全由黑色塑料袋构成，海洋主题与塑料污染之间的联系并不密切，与主题思想并不契合，修改关键词densely shadowed为overcast skies（阴云密布的天空），两者中文语义相同，但在英文表述上后者更加直接。另外，增加天空描述词的目的是让AI在生成图片时，当其需要兼顾天空和海洋两项关键词时，便会更改绘制角度，也不会仅生成大海的平面俯视图片，生成效果如下右图所示。

03　重新生成的图片在视角展示方面满足预期，但黑色塑料袋没有描述出属于海洋的特点，并且画面由大面积的灰色构成，层次不明显且细节不丰富，增加关键词gigantic plastic waves（巨型塑料波浪）进行重新生成，生成效果如下左图所示。

04　画面中层次、细节均得到加强，部分图片出现海浪效果雏形，在此基础之上增加In the distance, there is a faint sunlight（远处有微弱的阳光）关键词，并添加 --style RAW参数，生成效果如下右图所示。

05　在增加了光线描述之后，两幅画面并没有明显变化，修改天气相关描述词，将overcast（阴天）修改为cloud sky（多云天气）。在其他关键词、参数保持不变的情况下进行重新生成，生成效果如下左图所示。

06　在更换为cloud sky（多云天气）描述词后，天空细节更加丰富，接着修改关键词描述，增加sun（太阳）描述词，生成效果如下右图所示。

07 单击U2图标并将图片下载保存至本地,使用Photoshop等后期处理软件为图片添加广告主题、标语的相关文字,并根据画面主题完成文字排版,最终效果如下图所示。

6.3 运动鞋创意广告

6.3.1 广告背景

随着夏季的临近,炎热的气息弥漫在每个角落,仿佛连空气都被烈日炙烤得滚烫。在这样的季节里,人们更加渴望一种清凉与舒适的生活方式。运动鞋,作为夏季穿着的必备单品,因其清凉透气与舒适体验而深受消费者喜爱,这也成了消费者购买的主要动因。在竞争激烈的市场中,运动鞋作为热门商品,出色的广告创意不仅能吸引消费者的目光,激发他们的购买欲望,还能助力厂家在夏季到来之前提前占据市场优势地位。

6.3.2 广告思路

针对夏季寻找清凉透气、舒适体验的运动鞋的消费者,特别是年轻群体,包括学生、上班族以及追求时尚与舒适并重的都市人群,我们将以时尚颜值与创新理念,将"清凉感"进行可视化呈现。

在视觉传达上,我们通过晶莹剔透的冰鞋设计,直观展现产品的清凉特性。鞋身的透光性突出了其轻便的特点,而鞋底则被设计成凹凸不平的冰面纹理,仿佛能让人感受到在冰面上漫步的清凉。此外,带着水珠的绿色草地与冰鞋形成鲜明对比,使冰鞋在画面中更加引人注目,从而更好地吸引消费者的目光。

6.3.3 广告设计展示

01 根据广告思路构建画面"白色背景下,一双穿在脚上的冰制运动鞋"。然后使用翻译软件将广告思路翻译为英文。打开discord网站,使用Midjourney进行图片生成,输入/imagine并将提示词输入文本框中,生成效果如下页上左图所示。

02 生成图片中,只有U4图片符合文本描述,但U4图片中经典篮球鞋造型与想要传达的夏季清凉感相悖。修改提示词,增加Pore Structure(毛孔结构)关键词,将抽象广告思想转变为具体的结构来影响Midjourney的生成方向,生成效果如下页上右图所示。

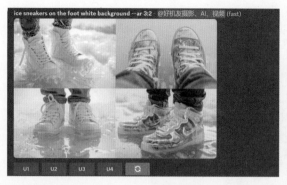 

03 在增加了Pore Structure（毛孔结构）相关描述词后，生成的4张图片全部理解了Ice（冰）与Pore structure（毛孔结构）两个关键词，但生成的鞋子样式属于"概念鞋"类别，与广告思路不符。接下来修改提示词去掉Pore Structure（毛孔结构），添加Sun（阳光）、Outdoor（户外）、Close Up（近景）等辅助描述关键词进行生成，生成效果如下左图所示。

04 鞋子样式较为符合广告思路，为了更好地满足夏季场景宣传所需，增加关键词Summer（夏天）描述词，生成效果如下右图所示。

 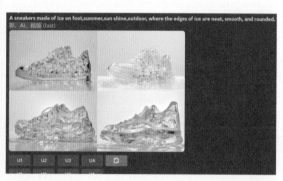

05 除了鞋子类型的相关描述，还需要增加"上脚实拍"来使画面更符合广告核心理念，在Foot关键词后增加权重参数::2，生成效果如下左图所示。

06 生成图片中U4图最为符合关键词描述，不过冰雪环境与冰鞋虽然匹配度较高，但画面色调较为平淡，难在第一瞬间给消费者带来直观感受，修改关键词为A ice sneakers on foot on grass（一双草地上的冰鞋），最终效果如下右图所示。

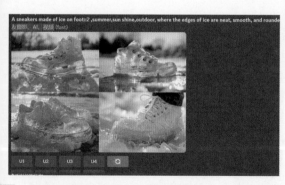 

07 单击U3图标并将图片下载保存至本地，使用Photoshop等后期处理软件为图片添加广告主题、标语的相关文字，并根据画面主题完成文字排版，最终效果如下页上图所示。

6.4 快递业创意广告

6.4.1 广告背景

近年来，伴随着电商的蓬勃发展和消费者购物习惯的转变，快递行业迅速崛起。在如此激烈的竞争环境中，如何向消费者展现自身服务优势并吸引他们选择我们的快递服务，已成为快递行业提升核心竞争力的关键所在。

6.4.2 广告思路

快递服务的主要核心特色在于配送速度与覆盖范围，因此快递行业的广告应重点强调这两个关键要素。

画面中，一名身穿黄色宇航服的快递员正在月球上递送快递。此广告采用夸张、幽默的手法，暗示其快递服务的覆盖范围不仅限于地球，即便是在月球上，也能准确送达包裹。这种诙谐的表现方式，不仅不会让消费者产生反感，反而会成为该公司的一大营销亮点，吸引更多客户。

01 根据广告思路构建画面"在月球上，一名背着背包的快递员将一台电脑递给宇宙中的宇航员"。然后使用翻译软件将广告思路翻译为英文。打开discord网站，使用Midjourney进行图片生成，输入/imagine并将提示词输入文本框中，生成效果如下左图所示。

02 Midjourney在环境描述上十分准确，但是画面中关于人物的描述不够准确。修改关键词，对A delivery person（快递员）添加描述，增加wearing a yellow short-sleeved uniform（身穿黄色短袖制服）关键词，生成效果如下右图所示（注意：虽然在文中写的是短袖制服，但由于AI的局部不可控性，生成的图像中没有出现短袖，这也属于正常情况，只要最终生成的图像贴近于需要的效果即可）。

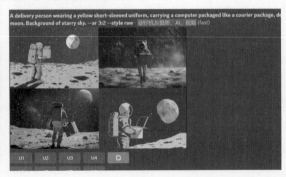

03 从生成画面中可以得知，Midjourney可以对宇航员、太空环境、背包、电脑等元素进行绘制，但无法准确地描述快递员相关场景，添加描述词infinite DOF（无限自由度）进行生成，生成效果如下左图所示。

04 此次生成画面中添加了快递员与宇航员之间的联系，但生成画面与实际太空环境脱节，画面中人物比例失调，画面风格偏向动画玩具效果。当Midjourney没有相关示例时，只能通过多次生成的方式增加成功率，去除infinite DOF（无限自由度）增加Wide Angle（广角）描述词进行图片生成，生成效果如下右图所示。

05 单击U3图标进行放大并将其保存至本地，使用Photoshop等后期处理软件将图片中地球区域进行后期替换，并添加广告主题、标语的相关文字，然后根据画面主题完成文字排版，最终效果如右图所示。

6.5 相机影像创意广告

6.5.1 广告背景

随着消费者对相机影像功能需求的日益提高，相机制造商也在不断创新，以满足市场的多样化需求。消费者从仅记录日常生活的初级阶段，逐渐升级到追求专业级的摄影效果。为了回应消费者的这种使用需求，各大厂商纷纷将不断突破创新的影像功能及相机参数作为主要的营销焦点。同时，创意地展示相机的影像特点，也已成为打破当前消费市场格局的关键营销手段。

6.5.2 广告思路

在当今市场中，相机影像广告的主要宣传点包括相机像素、超大影像传感器、连拍速度、快门速度和 AI 智能辅助等创新突破点。这些创新元素在相机影像广告中得到了广泛应用，旨在吸引用户关注并凸显自家产品的强大性能。

广告以飞翔的雄鹰作为表现对象，画面中，拍摄瞬间仿佛空气都凝固了，雄鹰依然保持着飞翔的姿态，就像被冷空气瞬间凝固定格一样，栩栩如生。通过夸张的创意手法，将"时间凝固"的概念与极快的快门速度相联系，从而凸显相机能够定格时光、捕捉精彩瞬间的强大影像能力。

01 根据广告思路构建画面"使用专业相机进行特写记录一只飞翔的雄鹰被冰冻在冰块中，水滴四散，表情凝固"。使用翻译软件将广告思路翻译为英文。打开discord网站，使用Midjourney进行图片生成，输入/imagine并将提示词输入文本框中，生成效果如下左图所示。

02 4张图片全部出现一定程度的瑕疵，其中U1～U3图片中雄鹰与冰块脱离联系，U4图片中出现"多手多脚"问题，将提示词中的Electric Vibrant Colors（电光石火般的色彩）替换为Nature Background（自然背景）进行生成，生成效果如下右图所示。

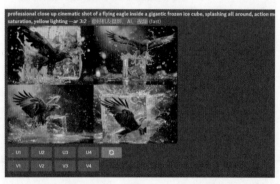
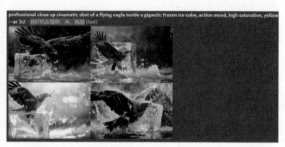

03 生成结果中仍然无法表现出"冰冻在冰块中的鹰"这一关键描述，将提示词a flying eagle inside a gigantic frozen ice cube（一只飞翔的雄鹰被冰冻在冰块中）替换为a flying eagle made of a gigantic frozen ice cube（一只由巨大冰块制成的飞鹰）进行图片生成，生成效果如下左图所示。

04 更换关键词后仍然出现了雄鹰与冰块无法结合的问题，去除提示词中的Cube（立方体）与Gigantic（巨型）进行重新生成，生成效果如下右图所示。

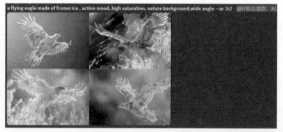

05 单击U3图标放大并下载保存至本地，使用Photoshop等后期处理软件为图片添加广告主题、标语的相关文字，并根据画面主题完成文字排版，最终效果如右图所示。

第 7 章

Stable Diffusion 安装步骤及文生图操作方法

7.1 认识Stable Diffusion

7.1.1 Stable Diffusion 简介

Stable Diffusion 是 2022 年发布的深度学习文本到图像生成模型。它可以根据文本描述生成相应的图像，主要特点包括开源、图像质量高、速度快、可控、可解释和多功能。它不仅可以生成图像，还可以进行图像翻译、风格迁移和图像修复等操作。

Stable Diffusion 的应用场景非常广泛，它不仅可以作为文本生成图像的深度学习模型，还可以通过给定的文本提示词（Text Prompt）输出一张与之匹配的图片。例如，当输入文本提示词 A cute cat 时，Stable Diffusion 会输出一张带有可爱猫咪的图片。

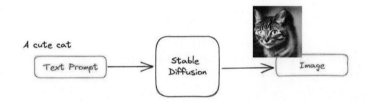

7.1.2 Stable Diffusion 配置要求

由于 Stable Diffusion 运行时需要进行大量计算，因此对计算机的硬件配置有一定要求。以下是建议的具体配置标准。

1．显卡

Stable Diffusion 对显卡有一定的要求，推荐使用以下型号的显卡：NVIDIA GeForce GTX 1070 及以上、NVIDIA Quadro P4000 及以上、AMD Radeon RX 580 及以上。请注意，这些仅是官方推荐的最低配置要求。如果希望得到更高分辨率的图像或追求更高的渲染质量，建议选择性能更为强劲的显卡。此外，显卡的显存大小对 Stable Diffusion 的性能也有显著影响，因此建议选择显存至少为 8GB 的显卡。

2．内存

Stable Diffusion 的顺畅运行需要充足的内存支持。若计划使用预先训练好的模型，那么系统内存至少需达到 16GB。如果还有模型训练的打算，那么内存需求将取决于数据集的大小和训练批次的数量，因此建议至少配备 32GB 的内存以满足这些需求。

3．硬盘

为了确保 Stable Diffusion 的稳定运行，建议使用容量至少为 128GB 的 Stable Diffusion 固态硬盘，这样可以提供更好的系统性能和更快的数据读取速度。另外，请注意，Stable Diffusion 所使用的模型资源通常较大，一个基础模型的大小基本上在 2GB 左右。因此，为了充分利用该软件引擎，确保有足够的硬盘空间。

4. 网络要求

鉴于 Stable Diffusion 的特殊性，无法提供具体的网络配置要求。但请放心，Stable Diffusion 将为用户提供良好的交互体验，以确保能顺利使用其所有功能。只要已经下载了所需的模型资源，即使在没有网络连接的情况下，Stable Diffusion 也可以正常运行。

5. 操作系统

为了在本地安装 Stable Diffusion 并获得最佳的使用体验，推荐使用 Windows 10 或 Windows 11 操作系统。

7.1.3 Stable Diffusion整合包的安装

Stable Diffusion 整合包的安装步骤如下。

01 进入Stable Diffusion网站，下载Stable Diffusion-webui-aki-v4.5.7z文件，如下图所示。

02 解压压缩文件并右击，将其解压到想要安装的位置，如下图所示。

03 打开解压后的文件夹，找到"A启动器.exe"文件，双击将其打开，如下图所示。

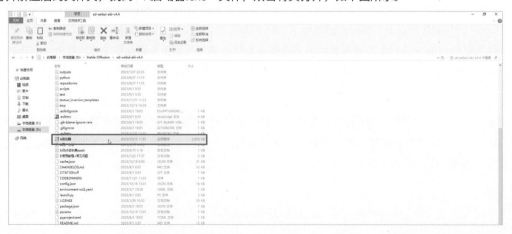

04　如果未安装前置软件，会弹出提示对话框，需要安装启动器，单击"是"按钮，即可自动跳转下载，如下图所示。

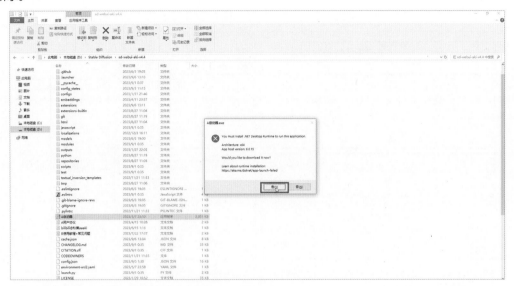

05　双击下载的windowStable Diffusionesktop-runtime-6.0.25-win-x64文件，在弹出的对话框中单击"安装"按钮，开始自动安装前置软件，如下图所示。

7.1.4　Stable Diffusion WebUI界面布局

安装前置软件后，再次双击"A启动器.exe"文件，进入 Stable Diffusion WebUI 启动器界面，如下图所示。

单击右下角的"一键启动"按钮，浏览器自动跳转到 Stable Diffusion WebUI 界面，如下图所示。该界面主要部分功能介绍如下。

- 模型选择部分：由Stable Diffusion模型和外挂VAE模型共同组成。
- 功能选择部分：可以选择Stable Diffusion所提供的各项功能。鉴于Stable Diffusion功能丰富，受篇幅所限，本书将在后文深入解析其中最为重要的"文生图"与"图生图"两大功能模块，同时，将简要概述"后期处理""PNG图片信息""无边图像浏览"等其他辅助功能模块。
- 提示词填写部分：此部分包含正向提示词和反向提示词的文本框。
- 参数设置部分：涵盖迭代步数、采样方法、高分辨率修复、宽度、高度、提示词引导系数以及随机数种子设置等多个选项供用户使用。
- 图像生成部分：可以在此浏览生成的图像，并通过单击下方的小图标来完成打开图像输出目录、将图像保存到指定目录、将包含图像的.zip文件保存到指定目录等操作。

7.2 通过简单的案例了解文生图的步骤

7.2.1 学习目的

对初学者来说，使用 Stable Diffusion 生成图像可能是一件相对复杂的事情，因为整个操作过程不仅涉及底模与 LoRA 模型的选择，还包括各种参数的设置。

为了帮助初学者更好地掌握 Stable Diffusion 的基本使用方法，笔者精心设计了此案例。通过学习本案例，初学者可以全面了解使用 Stable Diffusion 从文本生成图像的基本步骤。在学习过程中，初学者无须过于关注每个步骤中的具体参数设置，只需按照案例中的步骤进行操作即可。

7.2.2 生成前的准备工作

本案例将使用 Stable Diffusion 生成一个写实的机器人图像，因此首先需要下载一个写实风格的底模以及一个机甲 LoRA 模型。具体的操作步骤如下。

01 打开网址https://www.liblib.art/modelinfo/bced6d7ec1460ac7b923fc5bc95c4540，下载本例使用的底模，也可以直接在LibLib AI网站上搜索"majicMIX realistic 麦橘写实"。

02 将下载的底模复制至Stable Diffusion安装目录的models/Stable-diffusion文件夹中。

03 打开网址https://www.liblib.art/modelinfo/44598b44fbc94d9885399b212f53f0b2，下载本例用的LoRA模型，也可以直接在LibLib AI网站上搜索"好机友AI机甲"。

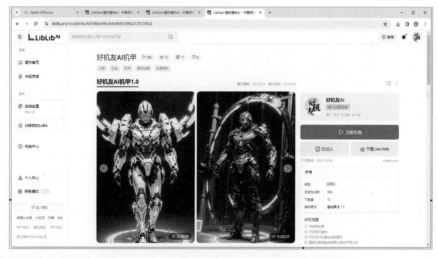

04 将下载的LoRA模型复制至Stable Diffusion安装目录的models/LoRA文件夹中。

7.2.3　具体操作步骤

完成准备工作后，开始正式的操作。

01 开启Stable Diffusion后，在"Stable Diffusion 模型"下拉列表中选择majicmixRealistic_v7.safetensors [7c819b6d13]选项，此模型为准备工作中下载的底模。

02 在第一个文本框中输入正面提示词masterpiece,best quality,(highly detailed),1girl,cyborg,(full body:1.3),day light,bright light,wide angle,white background,,complex body,shining sparks,big machinery wings,silvery,studio light,motion blur light background，以定义要生成的图像效果。

03 单击界面中下方的LoRA标签，并在其右侧的文本框中输入"好机友AI机甲"，从而通过筛选找到准备工作中下载的LoRA模型。

04 单击此LoRA模型，此时在Stable Diffusion界面第1个文本框中所有字符之后，将自动添加 <LoRA:hjyrobo5-000010:1>，如下图所示。

05 将<LoRA:hjyrobo5-000010:1>中的1修改为0.7。

06 在下方的第2个文本框中输入负面提示词Deep Negative V1.x,EasyNegative,(bad hand:1.2),bad-picture-chill-75v,badhandv4,white background,kimono,EasyNegative,(low quality, worst quality:1.4),(lowres:1.1),(long legs),greyscale,pixel art,blurry,monochrome,(text:1.8),(logo:1.8),(bad art, low detail, old),(bad nipples),bag fingers,grainy,low quality,(mutated hands and fingers:1.5),(multiple nipples)，如下图所示。

07 在Stable Diffusion界面下方设置"迭代步数（Steps）"值为36，在"采样方法（Sampler）"中选中 DPM++ 2M Karras单选按钮，在"放大算法"下拉列表中选择R-ESRGAN 4x+选项，将"重绘幅度"值设置为0.56，"放大倍数"值设置为2，"提示词引导系数（CFG Scale）"值设置为8.5，并将"随机数种子（Seed）"值设置为2154788859，设置完成后的Stable Diffusion界面应该如下页上左图所示。

08　完成以上所有参数设置后，要仔细与笔者展示的界面核对，然后单击界面右上方的"生成"按钮，则可以获得如下右图所示的效果。

09　如果将"随机数种子 （Seed）"值设置为2154788851，则可以得到如下左图所示的效果；如果将"随机数种子（Seed）"值设置为2154788852，则可以得到如下中图所示的效果；如果将"随机数种子（Seed）"值设置为2154788863，则可以得到如下右图所示的效果。

上面的步骤涉及了正面提示词、负面提示词、底模、LoRA 模型、迭代步数（Steps）、采样方法（Sampler）等知识点。

7.3　迭代步数

如前所述，Stable Diffusion 是通过对图像加噪声，再利用特定算法去除噪声的方式生成新图片的。此处的去噪声过程并非一次性完成，而是经过多次操作来实现的。而"迭代步数"可以简单地理解为去噪声过程的执行次数。

理论上，迭代步数越多，图像质量应该越好，但实际情况并非如此。接下来，笔者将通过 3 组使用不同底模与 LoRA 模型生成的图像，来展示不同迭代步数对图像质量的具体影响。

通过观察以上示例图像，我们可以发现迭代步数与图像质量之间并不成正比。虽然不同的步数会产生不同的图像效果，但当步数达到一定数值后，图像质量的提升就会停滞，甚至细节的变化也不再明显。此外，步数越多，所需的计算时间越长，运算资源的消耗也越大，投入产出比会明显降低。

然而，由于不同的底模与 LoRA 模型组合使用时，实现质量最优化的步数是一个未知数，因此需要创作者尝试使用不同的数值，或者使用"脚本"中的"XYZ 图表"功能生成查找表，以便找到最优化的步数。

根据普遍性经验，建议从步数 7 开始，向下或向上进行尝试，以找到最佳的迭代步数。

7.4　采样方法

7.4.1　采样方法对图像的影响

Stable Diffusion 在生成图片时，会先在隐空间（Latent Space）中创建一张完全的噪声图。接着，利用噪声预测器来预测图片的噪声，并通过分步的方式将预测出的噪声从图片中逐层去除，直至获得清晰的图片。这一去噪声过程中所使用的算法被称作"采样方法"，或者简称为"采样器"。

采样方法对图像的质量、生成速度以及图像效果具有显著影响。截至本书撰写之时，Stable Diffusion 共支持 31 种采样方法，如下页上图所示，并且这个数字有可能会随着时间的推移而增加。

生成	嵌入式 (T.I. Embedding)	超网络 (Hypernetworks)	模型	Lora

迭代步数 (Steps)　　　　　　　　　　　　　　　　　　　　　　41

采样方法 (Sampler)

● DPM++ 2M Karras	○ DPM++ SDE Karras	○ DPM++ 2M SDE Exponential
○ DPM++ 2M SDE Karras	○ Euler a	○ Euler	○ LMS	○ Heun	○ DPM2
○ DPM2 a	○ DPM++ 2S a	○ DPM++ 2M	○ DPM++ SDE	○ DPM++ 2M SDE
○ DPM++ 2M SDE Heun	○ DPM++ 2M SDE Heun Karras	○ DPM++ 2M SDE Heun Exponential
○ DPM++ 3M SDE	○ DPM++ 3M SDE Karras	○ DPM++ 3M SDE Exponential	○ DPM fast
○ DPM adaptive	○ LMS Karras	○ DPM2 Karras	○ DPM2 a Karras	○ DPM++ 2S a Karras
○ Restart	○ DDIM	○ PLMS	○ UniPC	○ LCM

7.4.2　采样规律总结及推荐

根据笔者的使用经验，推荐以下采样方法。

如果想要稳定且可复现的结果，应避免使用任何带有随机性的原型采样方法。在 Stable Diffusion 的所有采样方法中，名字中包含独立字母 a 的都是原型采样方法，例如 Euler a、DPM2 a、DPM++ 2S a 和 DPM++ 2S a Karras。

如果生成的图像效果相对简单，细节不多，可以选择使用 Euler 或 Heun 采样方法。当使用 Heun 时，可以适当减少步数以提高效率。

若需要生成细节丰富且注重图像与提示词契合度和效率的图像，推荐选择 DPM++ 2M Karras 以及 UniPC 采样方法。

然而，这些都只是建议。对于具体的图像生成项目，最佳的做法是利用"脚本"功能中的"XYZ 表格"功能，生成使用不同采样方法的索引图，以便更直观地选择最适合的采样方法。

7.5　引导系数

7.5.1　了解引导系数

引导系数 (CFG Scale) 是一个极其关键的参数，它掌控着文本提示词对生成图像的影响力度。简言之，CFG Scale 的参数值越大，生成的图像与文本提示词的相关性就越高，但可能会牺牲一定的图像真实性；反之，参数值越小，相关性则越低，生成图像可能更偏离提示词或输入图像，然而图像质量却可能更佳。值得一提的是，较大的 CFG Scale 参数值不仅会增强生成结果与提示词的吻合度，还会提升结果图片的饱和度和对比度，使色彩表现更好。但务必注意，此参数值并非越大越好，过大的值可能会导致图像效果适得其反。

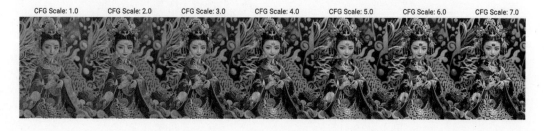

7.5.2 引导系数规律总结及推荐

通过分析以上示例图像，可以看出，随着引导系数数值的增大，图像细节逐渐增多，但过大的数值会导致图像画面破坏。

下面是各个引导系数数值对图像的具体影响。

- 引导系数为1：当使用此数值时，提示词对图像的影响非常小，生成的图像往往模糊且暗淡。
- 引导系数为3：此数值下可以生成具有一定创意的图片，但图像的细节相对较少。
- 引导系数为7：这是默认值。使用此数值，Stable Diffusion可以生成既有一定创新性，又与提示词内容较为符合的图像。
- 引导系数为15：此数值属于偏大的引导系数。此时生成的图像与提示词的契合度更高。但使用不同的模型时，可能会导致图像失真。
- 引导系数为30：这是一个极端值。在此数值下，Stable Diffusion会严格依据提示词生成图像，但很可能导致图像过于饱和、失真或变形。

根据笔者的使用经验，建议从默认值 7 开始尝试，并根据实际需要进行调整。

7.6 高分辨率修复

7.6.1 了解高分辨率修复

高分辨率修复 (Hires. fix) 参数选项具有两个作用：首先，它可以将小尺寸的图像提升至高清大尺寸图像；其次，可以修复 Stable Diffusion 中可能出现的多人或多肢体情况。具体参数设置如下图所示。

1．放大算法

根据图像的类型和内容，可以选择适合的放大算法。具体的参数设置将在后文详细讲解并给出示例。

2．高分迭代步数

此处的迭代步数与之前提到的"迭代步数 (Steps)"含义相似。建议的数值范围在 5 ～ 15。如果设置为 0，那么将使用与"迭代步数 (Steps)"相同的数值。

3．重绘幅度

重绘幅度是通过向原图像重新添加噪声信息，并逐步去噪来生成新的图像。新生成的图像或多或少都会与原图像有所不同。这个参数值越大，对原图内容的改变就越多。因此，在使用 Stable Diffusion 生成图像时，创作者可能会注意到在生成过程中，图像的整体会突然发生变化。

下左图展示了当此参数设置为 0.1 时的效果，下中图的重绘幅度值为 0.5，而下右图的重绘幅度值为 0.8。可以明显看出，每张图像都有所不同，其中数值为 0.8 的图像变化幅度最大。

4．放大倍数

放大倍率可以根据需求进行设置。通常建议设置为 2，以提高出图的效率。如果需要更大的分辨率，可以考虑使用其他方法来实现。

7.6.2　高分辨率修复使用思路及参数推荐

1．高分辨率修复使用思路

在使用"高分辨率修复（Hires. fix）"功能时，应遵循以下原则：首先，在不开启此选项的情况下，通过多次尝试获得满意效果的小图。一旦获得认可的效果，单击"随机数种子（Seed）"参数右侧的图标以固定种子数。之后，再设置"高分辨率修复（Hires. fix）"选项，以生成高清大图。

2．高分辨率修复参数推荐

对于"放大算法"的选择，有以下建议。

- 如果处理的是写实照片类图像，推荐选择LDSR、ESRGAN_4x或BSRGAN。

- 若处理的是绘画或3D类图像，可以选择ESRGAN_4x或Nearest。

- 对于线条类动漫插画类图像，R-ESRGAN 4x+配合Anime6B是不错的选择。

关于参数设置，建议将重绘幅度设定在 0.2 ～ 0.5，并将采样次数设置为 0。这样的参数配置既能够避免低重绘幅度可能导致的仅图像放大而无实质性改善的现象，也能预防高重绘幅度可能带来的图像内容过度变化的问题。

7.7 用ADetailer修复崩坏的面部与手

在使用 Stable Diffusion 生成人像时，面部和手部经常会出现崩坏的情况。为了修复这些问题，建议选中如下图所示的"启用 After Detailer"复选框。此功能对于面部的修复成功率非常高，尽管对手部的修复效果可能并不十分理想，但仍有一定的修复成功概率。因此，笔者仍然建议选中"启用 After Detailer"复选框。

7.8 总批次数、单批数量

在 Stable Diffusion 中生成图像时，由于存在相当高的随机性，创作者通常需要多次单击"生成"按钮以产生大量图像，并从中挑选满意的作品。为了提高图像生成的效率，可以利用这两个参数进行批量图像生成。

7.8.1 参数含义

"总批次数"是指计算机按照队列形式依次处理的图像次数。例如，当此数值设为 6，且"单批数值"为 1 时，意味着计算机会依次处理 6 次，每次处理 1 张图像，处理完一张后继续处理下一张，直到完成 6 张图像的处理任务。

"单批数值"则是指计算机每次同时处理的图像数量。例如，当此数值设为 6，且"总批次数"为 2 时，表示计算机会两次同时处理 6 张图像，合计处理得到 12 张图像。

7.8.2 使用技巧

"总批次数"和"单批数值"数值的设置不建议随意进行，而是应该根据自己所使用的计算机显卡的显存大小来合理设定。

如果显存较大，可以设置较大的"单批数值"，以便一次性处理多张图片，从而提高运行速度。然而，如果显存较小，则应设置较小的"总批次数"，并降低"单批数值"，以防止因一次处理的图片过多而导致内存错误。

当"单批数值"设置得较大时，Stable Diffusion 将会同时显示正在处理的多张图像，如下页上图所示。这样的设置可以更直观地监控图像处理的过程。

当"单批数值"设为 1，而"总批次数"值设置得较大时，Stable Diffusion 会依次显示正在处理的图像，如下图所示。这种设置允许创作者逐一查看每张图像的处理过程。

7.9　随机数种子

7.9.1　了解种子的重要性

Stable Diffusion 生成图像的过程始于一张噪声图，通过采样方法逐步降噪，最终呈现所需的图像。因此，Stable Diffusion 需要一个用于生成原始噪声图的数值，这个数值被称作"种子数"。种子数的存在使 Stable Diffusion 生成的图像具有高度的随机性，每次生成的图像都会有所不同。种子数作为起点，对最终图像的效果起着决定性作用。因此，即使在 Stable Diffusion 上使用完全相同的提示词与参数，如果种子数不同，也会生成不同的图像。相反，如果固定种子数，则每次都会生成相同的图像。

1. 获得随机种子数

在生成图像时，如果单击"随机数种子（Seed）"参数右侧的骰子图标，该数值会自动变为–1。此时执行生成图像操作，Stable Diffusion 会使用随机数值来生成起始的噪声图像。

2. 固定种子数

单击"随机数种子（Seed）"参数右侧的 🔄 图标，可以自动调出上一次生成图像时的种子数，如下图所示。

7.9.2 固定种子数使用技巧

在种子数及其他参数固定的情况下，可以通过修改提示词中的情绪单词来获得不同表情的图像。例如，笔者使用的提示词为：1 girl, solo, long hair, looking at viewer, blurry, blurry background, brown hair, outdoors, realistic, lips, parted lips, upper body, shirt, white shirt, from side, day, depth of field。若将 long hair 修改为其他发型，即可获得不同发型的图像，如下图所示。这种方法同样适用于修改其他的微小特征，如表情、肤色、年龄、配饰等。此外，也可以通过调整某个单词来观察其对生成图像的具体影响。但需要注意的是，进行这些操作的前提是要使用与所需特征相对应的模型，否则图像的变化可能不会那么明显。

第 8 章

掌握 Stable Diffusion 以参考图生成图像的方法

8.1 通过简单案例了解图生图的步骤

8.1.1 学习目的

图生图的界面、参数和功能相较于文生图更为复杂。因此，与文生图类似，我们特意设计了以下案例来演示图生图的基本步骤。在学习过程中，初学者无须过于关注各个步骤所涉及的具体功能和参数，只需按照步骤进行操作即可。

8.1.2 具体操作步骤

本案例首先要使用 Stable Diffusion 生成一张写实的人像，然后将其转换成为漫画效果。

01 启动Stable Diffusion后，先按前文学习过的方法，在文生图界面生成一张真人图像，如下图所示。

02 在预览图下方单击 🖼 图标，将图像发送到图生图模块并进入图生图界面，如下图所示。

03　从https://www.liblib.art/modelinfo/1fd281cf6bcf01b95033c03b471d8fd8页面下载名称为AWPainting的漫画、插画模型，如下图所示。

04　在Stable Diffusion的"图生图"界面的"Stable Diffusion 模型"下拉列表中选择刚刚下载的AWPainting_v1.2.safetensors [3d1b3c42ec]。

05　将此界面下方的各个参数按下图所示进行调整，并单击"生成"按钮，则可以得到如下图所示的插画效果。

06　修改不同的参数，可以得到下图展示的细节略有不同的效果。

在上面展示的步骤中，笔者使用的是由文生图功能生成的图片，但实际上，在使用此功能时，也可以任意上传一张图片，并按同样的方法对此图片进行处理，下面介绍具体步骤。

01　单击界面中的 × 按钮，将已上传的图片删除，再单击上传图片区域的空白区域，则可以上传一张图片，如下页上图所示。

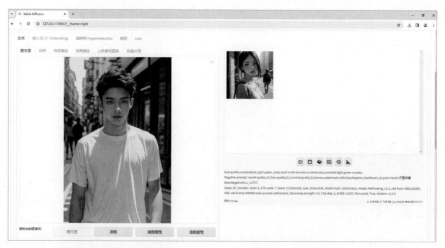

02　单击"DeepBooru反推"按钮，使用Stable Diffusion的提示词反推功能，从当前这张图片中反推出正确的提示词，此时的正向提示词文本框如下图所示。

03　由于反推得到的提示词并不全面，因此需要手动补全，例如笔者添加了1boy,day,street等描述词，以及质量词masterpiece,best quality。

04　由于此图像与前一个图像的尺寸不同，因此需要在"重绘尺寸"处单击 按钮，以获得参考图的尺寸。

05　根据自己对"采样方法""重绘尺寸倍数""提示词引导系数""重绘幅度"的理解，重新设置这些参数，然后单击"生成"按钮，则可以得到如下图所示的类似原图的插画。

　　在上面展示的步骤中，我们始终工作于"图生图"选项卡。在后面的章节中，将分别讲解"涂鸦""局部重绘""涂鸦重绘""上传重绘蒙版""批量处理"等不同的功能。

另外，虽然图生图模块需要设置若干参数，但如果与前文讲过的文生图模块相比，就可以看出大部分参数是相同的。因此，只要掌握了文生图模块的相关参数，学习图生图模块就会变得轻而易举。

接下来，将详细讲解图生图模块的各项功能。

8.2 掌握反推功能

8.2.1 为什么要进行反推

在使用 Stable Diffusion 进行创作时，经常需要参考或临摹他人没有附带提示词的作品。对于经验丰富且英文水平较高的创作者来说，他们可能能够写出与原作相契合的提示词。然而，对于初学者而言，凭自身能力很难写出完全符合作品画面的提示词。

在这种情况下，可以利用反推功能，通过 Stable Diffusion 的反推模型来推测作品画面的提示词。需要注意的是，当首次使用此功能时，由于 Stable Diffusion 需要下载功能模型文件，因此可能会长时间停留在如下图所示的界面。不过，如果网络速度快，等待时间会大幅缩短。

8.2.2 图生图模块两种反推插件的区别

Stable Diffusion 提供了两个反推插件：Clip 和 DeepBooru。Clip 生成的提示词为自然描述语言，而 DeepBooru 生成的则是关键词。例如，右图为笔者上传的反推图像。

使用 Clip 反推得到的提示词为：a man with a white shirt on walking down a street with a red traffic light in the background and a person walking down the street, a photorealistic painting, photorealism。

而使用 DeepBooru 反推得到的提示词为：blurry background, photo background, building, city, male focus, street, looking at viewer, white shirt, motion blur, short hair, mole。

对比以上两条提示词，可以看出，虽然 DeepBooru 生成的提示词不是自然表达的句式，但总体上更为准确。考虑到 Stable Diffusion 目前对自然句式的理解尚有待提高，因此，在进行反推时，推荐使用 DeepBooru 插件。

8.2.3　使用WD1.4标签器反推

除了使用图生图模块进行反推，还可以使用 Stable Diffusion 的"WD 1.4 标签器"功能进行反推。在 Stable Diffusion 界面中选择"WD 1.4 标签器"，然后上传图像，Stable Diffusion 便会自动开始反推。反推成功后的界面如下图所示。

"WD 1.4 标签器"功能不仅可以快速给出反推结果，还会对一系列提示词进行排序。排在前面的提示词在画面中的权重更高，也更为准确。完成反推后，可以单击"发送到文生图"或"发送到图生图"按钮，将这些提示词发送到不同的图像生成模块。之后，单击"卸载所有反推模型"按钮，可以避免反推模型持续占用内存。

相较于图生图模块中的反推功能，笔者建议读者首选"WD 1.4 标签器"进行反推，其次是 DeepBooru 反推，而 Clip 反推则建议尽量避免使用。

8.3　涂鸦功能详解

8.3.1　涂鸦功能介绍

顾名思义，涂鸦功能可以根据涂鸦画作生成不同画风的图像作品。例如，如下页上左图展示的是小朋友绘制的涂鸦作品，而下页上中图及下页上右图则展示了基于此图像生成的写实和插画风格的作品。

这里主要展示了涂鸦功能的使用方法和效果。除此之外，创作者还可以在参考图像上进行局部涂鸦，从而改变图像的局部效果。

8.3.2　涂鸦工作区介绍

当创作者在涂鸦工作区上传图片后，可以在工作区右上角看到 5 个按钮。下面对这 5 个按钮的作用进行简单介绍。

- 删除图像 ⊗：单击此按钮，可以删除当前上传的图像。
- 绘画笔刷 ✐：单击此按钮后，可以通过拖动滑块来确定笔刷的粗细，然后在图像上自由绘制。
- 回退操作 ↺：单击此按钮，可以逐步撤销已绘制的笔画，便于修改和调整。
- 调色盘 ◉：单击此按钮，可以从调色盘中选择笔刷要使用的颜色，实现多样化的绘画效果。
- 橡皮擦 ⌦：单击此按钮，可以一次性撤销所有已绘制的笔画，方便重新开始创作。

在进行绘制时，可以使用以下快捷操作技巧。

- 按住Alt键，同时滚动鼠标滚轮，可以轻松缩放画布，便于观察细节或整体效果。
- 按住Ctrl键，同时滚动鼠标滚轮，可以调整画笔大小，满足不同的绘画需求。
- 按R键，可以快速重置画布缩放比例，恢复到初始视图。
- 按S键，可以进入全屏模式，为创作者提供更加专注的绘画环境。
- 按F键，可以移动画布，便于观察和修改不同区域的内容。

需要特别指出的是，上述按钮的功能及快捷操作技巧在图生图模块的每一个有上传图片工作区都是通用的，为创作者提供了便捷、高效的绘画体验。

8.3.3　极抽象参考图涂鸦生成工作流程

前面展示了使用小朋友的涂鸦作品来生成写实照片和插画风格图像的效果。由于小朋友的涂鸦作品比较具象，因此在两个案例中，无论使用哪一种反推功能进行提示词反推，都可以获得较好的效果。

　　然而，如果上传的涂鸦作品过于抽象或难以辨识，如下左图所示，那么可能无法通过反推得到准确的提示词，或者得到的提示词基本上是错误的。

　　在这种情况下，正确的方法是放弃反推，而改为手动在正向提示词文本框中输入关键词。以下右图为例，使用反推只能得到一个提示词 cloud，因此笔者选择手动输入了以下提示词：cloud, watercraft, scenery, no humans, outdoors, sky, lake, sunset, masterpiece, best quality。这样可以更准确地引导图像生成，达到预期的效果。

　　选择 majicmixRealistic_v7.safetensors [7c819b6d13] 底模，然后按下图所示设置相关参数，得到了效果相当不错的图像。

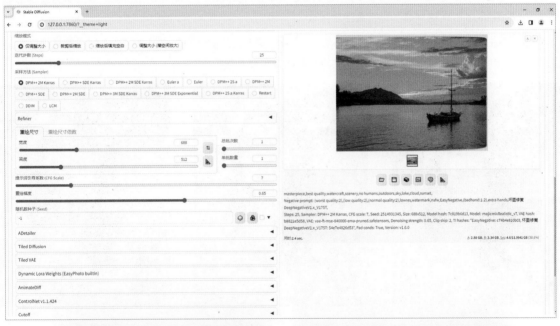

8.4 局部重绘功能详解

8.4.1 局部重绘功能介绍

其实，通过"局部重绘"功能的名字，我们也能大概猜测出其作用，即通过在参考图像上进行局部绘制，使 Stable Diffusion 针对这一局部进行重绘式修改。

例如，下左图展示的是原图，而其他两张图则展示了使用局部重绘功能修改模特身上的衣服后所获得的换衣效果。这一功能为创作者提供了更加灵活和精准的图像编辑体验。

8.4.2 局部重绘的方法

下面通过一个实例来讲解局部重绘功能的基本使用方法，其中涉及的参数将在下一节进行详细讲解。

01 上传要重绘的图像，使用画笔工具绘制蒙版，将要局部重绘的衣服遮盖住，如下页上左图所示。按下页上右图设置生成参数。

02 确保使用的底模是写实系底模，然后将正面提示词修改为 best quality,masterpiece,looking_at_viewer,stadium,soccer uniform。

03 完成以上设置后，多次单击"生成"按钮，即可得到所需的效果。

8.5　图生图共性参数讲解

如果分别单击图生图模块的"局部重绘""涂鸦重绘""上传蒙版重绘""批量处理"这 4 个选项卡，我们会发现其中有些参数是共通的。

接下来，将分别详细讲解这些参数，并逐一介绍这 4 个选项卡的具体使用方法。

8.5.1　缩放模式

缩放模式的参数包含"仅调整大小""裁剪后缩放""缩放后填充空白""调整大小（潜空间放大）"4 个选项，这些选项用于确定在创作者上传的参考图与图生图界面设置的"重绘尺寸"不匹配时，Stable Diffusion 应如何处理图像。

接下来，将通过实例直观地展示选择不同的选项时所产生的不同图像效果。

先上传一张尺寸为 1024×1536 的图像，如下图所示，然后将"重绘尺寸"设置为 1024×1024。

接下来分别选择上述 4 个选项中的前 3 个，得到的图像如下图所示。

仅调整大小　　　　　　　　　　裁剪后缩放　　　　　　　　　　缩放后填充空白

通过上面的示例图，可以看出不同选项对图像处理的影响。

- 当选择"仅调整大小"选项后，Stable Diffusion会按非等比方式缩放图像，以确保其尺寸与目标尺寸相匹配。

- 选择"裁剪后缩放"选项时，Stable Diffusion会先裁剪图像，然后再进行缩放，以符合目标尺寸的要求。

- 若选择"缩放后填充空白"选项，Stable Diffusion会等比例改变图像画布大小，以匹配目标尺寸。由于原图像尺寸为1024×1536，而"重绘尺寸"为1024×1024，因此它会等比例压缩图像的高度至1024。由于压缩后的图像宽度小于1024，因此需要扩展图像画布，并对新增部分进行填充。

- 当选择"调整大小 (潜空间放大)"选项时，与"仅调整大小"类似，Stable Diffusion会按非等比方式缩放图像以匹配目标尺寸。但与"仅调整大小"不同的是，由于这种调整是在潜空间中进行运算的，图像可能会出现模糊和变形的问题。

8.5.2　蒙版边缘模糊度

要理解"蒙版边缘模糊度"参数，首先需要了解为何在 Stable Diffusion 中，通过绘制的蒙版对图像的局部进行重绘，能够生成过渡自然的图像。

这是因为在 Stable Diffusion 中，根据蒙版进行运算时，不仅考虑蒙版直接覆盖的区域，还会在蒙版边缘的基础上向外扩展一定的范围。例如，在下面展示的两个蒙版图像中，尽管蒙版仅覆盖了部分头发，但 Stable Diffusion 在进行运算时，会基于这个蒙版向外扩展若干个像素，从而确保图像过渡的自然性。

即将下图中红色线条覆盖的区域也纳入运算数值内，并在生成新图像时与这一区域相融合。红色线条的宽度由"蒙版边缘模糊度"值决定，该参数的默认值为 4，通常控制在 10 以下。这样的边缘模糊度恰到好处，能够实现相对自然的融合效果。如果数值设置过小，新生成的图像边缘会显得过于生硬；而如果数值过大，则会影响过大的图像区域。

下面是一组使用不同"蒙版边缘模糊度"值获得的图像。

数值为 0　　　　　　　　　　数值为 9　　　　　　　　　　数值为 15

受限于图书的印刷效果，读者在观看上面展示的除数值 0 的各数值生成效果时，可能感觉不够明显。然而，实际上在计算机屏幕上观看时，可以清楚地看到，当数值为 15 时，新生成的图像部分与原图像的融合效果是最佳的。当数值继续增大时，融合效果的变化就不再那么明显了。

8.5.3　蒙版模式

蒙版模式包含两个选项："重绘蒙版内容"和"重绘非蒙版内容"。如果希望重绘蒙版所覆盖的区域，则应选择"重绘蒙版内容"选项。若需要重绘的区域较大，可以仅用蒙版覆盖不希望进行重绘的区域，并选择"重绘非蒙版内容"选项。

在之前展示的案例中，由于目的是更换模特的服装，因此选择了"重绘蒙版内容"选项。

8.5.4 蒙版区域内容处理

"蒙版区域内容"处理包含 4 个选项:"填充""原版""潜空间噪声"和"空白潜空间"。这四个选项采用了不同的算法,因此产生的效果差异显著。

- 填充:当选择此选项时,Stable Diffusion会先模糊蒙版区域的图像,然后重新生成与提示词相符的图像。

- 原版:当选择此选项时,Stable Diffusion会根据蒙版区域覆盖的原图信息,生成风格相似且符合提示词信息的图像。

- 潜空间噪声:当选择此选项时,Stable Diffusion会完全依据提示词生成新图像,并且由于会向蒙版区域重新填充噪声,所以图像的风格会有较大的变化。

- 空白潜空间:当选择此选项时,Stable Diffusion会清空蒙版区域,然后根据蒙版区域周边的像素色值进行平均混合,得到一个单一纯色,用这个颜色填充蒙版区域,并在此基础上进行图像重绘。如果希望重绘的图像与原图有显著差异,但色调保持一致,可以选择这个选项。

8.5.5 重绘区域

"重绘区域"参数包含两个选项:"整张图片"和"仅蒙版区域"。

若选择"整张图片"选项,Stable Diffusion 会重新绘制整张图片,涵盖蒙版区域和非蒙版区域。这种做法的优点在于能够较好地保持图片的整体协调性,确保蒙版区域内生成的新图像能够更自然地与原图像融合。

如果仅希望改变图片的特定部分,以实现更精细的控制效果,则应选择"仅蒙版区域"选项。在这种情况下,Stable Diffusion 只会对蒙版指定的部分进行重新绘制,而不会影响蒙版外的区域。选择此选项时,只需输入与重绘部分相关的提示词即可。

8.5.6 仅蒙版区域下边缘预留像素

"仅蒙版区域下边缘预留像素"参数仅在选中"仅蒙版区域"选项时生效。它的作用是控制 Stable Diffusion 在生成图片时,针对蒙版边缘向外延伸的像素数量,旨在使新生成的图像与原图像更好地融合。

当选择"整张图片"选项时,Stable Diffusion 会重新渲染整张图像,因此无须担忧蒙版覆盖的重绘图像是否能与原图像良好融合。

下左图展示了此数值为 0 时,渲染过程中 Stable Diffusion 显示的蒙版区域预览图。而下右图则展示了此数值为 80 时的预览图。通过对比两张图,可以明显看出下右图的图像区域更大。这正是因为数值被设置为80,导致 Stable Diffusion 在渲染图像时,需要从蒙版边缘向外扩展。

8.5.7　重绘幅度

"重绘幅度"是一个非常重要的参数，它用于控制在重绘图像时新生成的图像与原图像的相似程度。较小的数值会使生成的图像在外观上更接近输入图像，因此，如果仅希望对原图进行细微的修改，应该使用较小的数值。

较大的数值则会增加图像的变化性，并减少参考图像对重绘生成的新图像的影响。随着数值的逐渐增大，生成的新图像与原图之间的关联性会越来越低。

8.6　涂鸦重绘功能详解

8.6.1　涂鸦重绘功能介绍

无论是参数设置还是界面设计，"涂鸦重绘"与"局部重绘"功能均呈现出高度的相似性。它们之间的主要区别在于，当创作者上传参考图像并使用画笔在图像上进行绘制时，"涂鸦重绘"功能允许调整画笔的颜色，如下图所示。这一特性使"涂鸦重绘"功能具备了影响重绘区域颜色的独特功能，为创作者提供了更多的灵活性和创作空间。

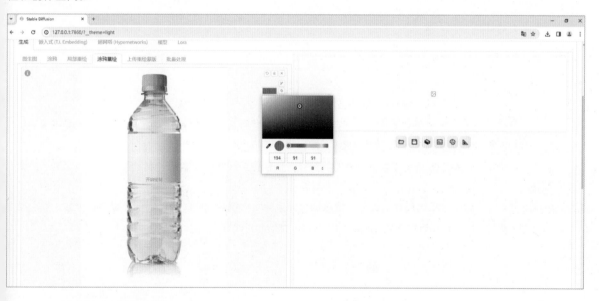

8.6.2　涂鸦重绘的方法

下面通过案例讲解"涂鸦重绘"功能的使用方法，在本案例中将利用此功能为矿泉水更换包装。

01 启动Stable Diffusion后，进入图生图界面，将准备好的素材图片上传到"涂鸦重绘"模块，如下页上左图所示。

02 对图片内容重绘，这里想把矿泉水包装换成红色的，所以单击 🔘 按钮，修改画笔颜色为红色。由于绘制区域比较大，单击 🖊 按钮，调整画笔大小。最后在图片中的矿泉水包装区域开始涂抹，如下页上右图所示。

03 单击"DeepBooru反推"按钮，使用Stable Diffusion的提示词反推功能，从当前这张图片反推出正确的关键词，此时的正向提示词文本框如下图所示。

04 由于反推得到的关于矿泉水包装的关键词与接下来涂鸦重绘的内容会发生冲突，所以删除white plastic packaging描述词，增加了红色包装及Logo的描述词red plastic packaging,logo。

05 在"重绘尺寸"处单击 ⬓ 按钮以获得参考图的尺寸，调整生图尺寸与参考图一致，否则会出现比例不协调的情况。

06 根据对"采样方法""重绘尺寸倍数""提示词引导系数""重绘幅度"的理解，设置这些参数，然后单击"生成"按钮，则可以得到如下右图所示的红色底图加Logo的矿泉水瓶图片。

8.7　上传重绘蒙版功能详解

8.7.1　上传重绘蒙版功能介绍

"上传重绘蒙版"功能与"局部重绘"功能在核心操作上是一致的,它们的主要区别在于"上传重绘蒙版"功能允许创作者手动上传一张蒙版图像,而不是通过画笔来绘制蒙版区域。这样的设计使创作者可以利用Photoshop 等图像处理软件来制作非常精确的蒙版。

如果图像的主体不是特别复杂,创作者可以在 Photoshop 中执行"选择"→"主体"命令,以快速获取较为精准的主体图像。接下来,将选中的图像复制到一个新图层,并执行"编辑"→"填充"命令将其填充为白色,同时将原图像所在的图层填充为黑色。最后,通过按快捷键 Ctrl+E 或者执行"图层"→"拼合图像"命令来合并图层,并将此图像导出为一个新的 PNG 格式图像文件。

8.7.2　上传重绘蒙版功能的使用方法

下面通过案例讲解"上传重绘蒙版"功能的使用方法,在本案例中将利用此功能为矿泉水瓶更换背景。

01 准备一张需要更换矿泉水瓶背景的图片,在Photoshop中将其打开并绘制蒙版图片,然后将其保存为一个PNG格式的图像文件。

02 启动Stable Diffusion后,进入图生图界面,将准备好的素材图片上传到重绘蒙版模块的原图上传区域,将准备好的蒙版图片上传到重绘蒙版模块的蒙版上传区域,如下图所示。

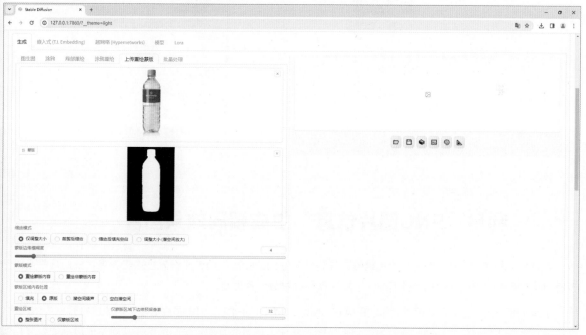

03 这里需要注意,与前面介绍的局部重绘的不同,上传蒙版中的白色代表重绘区域,黑色代表保持不变的区域,所以这里将"蒙版模式"改为重绘非蒙版区域,也就是黑色的背景区域。

04 单击"DeepBooru反推"按钮,使用Stable Diffusion的提示词反推功能,从当前这张图片反推出正确的关键词,此时正向提示词文本框如下页上图所示。

05 由于反推得到的关于背景描写的关键词与接下来重绘在室内桌子上背景发生冲突，所以删除white background,simple background等与接下来描述不相关的词，增加了重绘的背景词indoor,table,illumination,blurry。

06 调整生图尺寸与参考图一致，否则会出现比例不协调的情况。在"重绘尺寸"处单击▲按钮，以获得参考图的尺寸。

07 根据对"采样方法""重绘尺寸倍数""提示词引导系数""重绘幅度"的理解，设置这些参数，然后单击"生成"按钮，则可以得到如下右图所示的矿泉水瓶在桌子上的图片。

8.8 利用"PNG图片信息"生成相同效果图片

学习 Stable Diffusion 时，一个关键的方法是分析原图的参数。通过仔细分析这些参数，我们几乎可以一键重现与原图高度相似的图片，进而深入理解创作者的参数设置思路。

在操作层面上，这个方法相对简单。只需在 Stable Diffusion 的"PNG 图片信息"功能区打开所需的图片，然后通过单击"发送到文生图"或"发送到图生图"按钮，将参数发送至作图区域，从而生成风格或效果相似的图片。

如果图片的参数设置较为简单，且未涉及复杂的功能插件，那么基本上可以将所有参数一键发送至作图区。然而，当参数设置复杂且涉及多种功能插件时，使用一键发送功能可能会导致参数设置不完整。在这种情况下，需要对照信息手动添加某些参数，这就要求创作者对 PNG 图片信息中出现的所有参数有全面的了解。接下来，将详细解释这些参数的具体意义。

"PNG 图片信息"的位置在"后期处理"选项的右侧，选中"PNG 图片信息"选项即可使用该功能。在此打开的是一个动漫效果文字图片，图片信息如下图所示。

parameters

((windbard)),((willow)),(swalot),((cherry_blossoms)),courtyard,Garden,warm,green plants,leisure chair,sun room,vegetable plot,plant wall,thunder and lightning,spring rain,in spring,flower,mushroom,butterfly,insect,<lora:ghibli_style_offset:0.5>,ghibli style,<lora:绘画风Style under Jrpencil_V1:0.5>,<lora:好机友Q版角色:0.7>,

在右侧显示的参数中，最上方是正向提示词，它包括了每个提示词的权重以及 LoRA 模型的名称和权重，如下图所示。

Negative prompt: (worst quality:2),(low quality:2),lowres,watermark,nsfw,EasyNegative,坏图修复DeepNegativeV1.x_V175T,

接下来是 Negative prompt（反向提示词）部分，其中包含了每个反向提示词的权重，以及嵌入式模型的名称和权重，这些信息可以在上图中查看。

紧接着的是参数设置信息。其中，Steps 代表"迭代步数"，在此设置为 30；Sampler 指的是"采样方法"，本例中采用的是 DPM++ 3M Stable Diffusion Exponential；CFG scale 为"提示词引导系数"，设定为 7；Seed 是"随机种子"，在复原图片过程中起着至关重要的作用，这里的数值是 2362287816；Size 表示图片的尺寸，本例为 512×512；Model hash 即"模型哈希值"，它与 Stable Diffusion 模型相关联，无须单独设置；Model 指的是"Stable Diffusion 模型"，此处使用的是 ReVAnimated_v122_V122。请注意，在使用一键发送功能时，"Stable Diffusion 模型"信息无法发送，因此需要根据提供的信息手动调整"Stable Diffusion 模型"，相关的参数设置如下图所示。

Steps: 30, Sampler: DPM++ 3M SDE Exponential, CFG scale: 7, Seed: 2362287816, Size: 512x512, Model hash: f8bb2922e1, Model: ReVAnimated_v122_V122,

接下来是 VAE hash，即"VAE 哈希值"，它与 VAE 模型相关联；VAE 指的是"外挂 VAE 模型"，在此例中为 vae-ft-mse-840000-ema-pruned.safetensors。请注意，VAE 模型信息不能通过一键发送功能传输，需要手动进行调整。再之后的 Denoising strength，在高分辨率修复中代表"重绘幅度"，此处的设置为 0.7。而 Clip skip，即"CLIP 终止层数"，设为 2，这个参数在大多数情况下无须调整。相关的参数设置如下图所示。

VAE hash: b8821a5d58, VAE: vae-ft-mse-840000-ema-pruned.safetensors, Denoising strength: 0.7, Clip skip: 2,

接下来是 ControlNet 插件的参数部分。其中，ControlNet 0 表示启用了 ControlNet 的第 0 单元，后面引号中的内容是该单元的具体参数。Module 代表"预处理器"，此处设置为 canny；Model 即"模型"，选用的是 control_v1p1_Stable Diffusion15_canny；Weight 表示"控制权重"，设定为 1；Resize Mode 为"缩放模式"，采用 Crop and Resize；Low Vram 是"低显存模式"，由于未开启，因此显示为 False。接下来的 canny 控制类型阈值参数，在未进行调整时，会显示默认数值。Guidance Start 和 Guidance End 分别代表"引导介入时机"和"引导终止时机"，若未做调整，则显示默认数值。Pixel Perfect 即"完美像素模式"，在此例中已开启，因此显示为 True。Control Mode 是"控制模式"，这里设置为"均衡"。随后的 ControlNet 1

表示单元 1 的参数，其内容大致相同，但需要注意，ControlNet 插件的参数都无法直接发送到作图区，需要根据信息手动进行设置。相关参数如下图所示。

> VAE hash: b8821a5d58, VAE: vae-ft-mse-840000-ema-pruned.safetensors, Denoising strength: 0.7, Clip skip: 2, ControlNet 0: "Module: canny, Model: control_v11p_sd15_canny [d14c016b], Weight: 1, Resize Mode: Crop and Resize, Low Vram: False, Processor Res: 512, Threshold A: 100, Threshold B: 200, Guidance Start: 0, Guidance End: 1, Pixel Perfect: True, Control Mode: Balanced, Save Detected Map: True", ControlNet 1: "Module: depth_midas, Model: control_v11f1p_sd15_depth_fp16 [4b72d323], Weight: 0.7, Resize Mode: Crop and Resize, Low Vram: False, Processor Res: 512, Guidance Start: 0, Guidance End: 1, Pixel Perfect: True, Control Mode: Balanced, Save Detected Map: True", Hires upscale: 2, Hires upscaler: Latent, Lora hashes: "ghibli_style_offset:

ControlNet 插件的参数之后，Hires upscale 代表"高分辨率修复放大倍数"，在此设置为 2 倍；Hires upscaler 指的是"高分辨率修复放大算法"，采用的是"Latent"算法。紧接着的是 LoRA 的哈希值和 Stable Diffusion 的版本号，这些信息没有实际的操作作用，因此可以忽略。相关的参数设置如下图所示。

> End: 1, Pixel Perfect: True, Control Mode: Balanced, Save Detected Map: True", Hires upscale: 2, Hires upscaler: Latent, Lora hashes: "ghibli_style_offset: 708c39069ba6, 绘画风Style under Jrpencil_V1: f2d2957529bb, 好机友Q版角色: d2588cf32f50", TI hashes: "EasyNegative: c74b4e810b03, 坏图修复 DeepNegativeV1.x_V175T: 54e7e4826d53", Pad conds: True, Version: v1.6.0

上述图片信息中的图片因为是通过文生图功能生成的，所以无法添加功能性的脚本，下面以人像图片为例，分别介绍 Ultimate Stable Diffusion upscale 放大脚本和 ADetailer 修复插件在 PNG 图片信息中的参数设置。

在"CLIP 终止层数"参数之后，紧接着的是脚本的参数设置。Ultimate Stable Diffusion upscale upscaler 代表"放大算法"，在此选择的是 R-ESRGAN 4x+。而 Ultimate Stable Diffusion upscale tile_width 和 Ultimate Stable Diffusion upscale tile_height 则分别代表"分块宽度"和"分块高度"，这里的设置都是默认值 512。Ultimate Stable Diffusion upscale mask_blur 和 Ultimate Stable Diffusion upscale padding 属于放大脚本的蒙版填充参数，它们的具体作用不是特别大，保持默认设置即可。同时需要注意的是，脚本的设置也无法直接发送到作图区域，必须根据提供的信息进行手动设置。

由于 ADetailer 和 Ultimate Stable Diffusion upscale 无法同时使用，因此这里采用另一张使用了 ADetailer 的图片来介绍其参数设置，具体设置如上图所示。在"CLIP 终止层数"参数之后，紧接着的是 ADetailer 的参数。其中，ADetailer model 代表"After Detailer 模型"，本例中选用的是 face_yolov8n. pt。ADetailer confidence 表示"检测模型置信阈值"，设定为 0.3。ADetailer dilate erode 是"蒙版图像膨胀"，设置为 4。ADetailer mask blur 代表"重绘蒙版边缘模糊度"，此处设为 4。ADetailer denoising strength 即"局部重绘幅度"，本例中为 0.4。而 ADetailer inpaint only masked 则意为"仅重绘蒙版内容"，此设置为 True，表示已开启该功能。请注意，ADetailer 的设置同样无法直接发送到作图区域，需要根据所提供的信息进行手动设置。

综上所述，像"提示词""迭代步数""采样方法""高分辨率修复""图片尺寸""随机数种子"等简单的参数，可以直接通过一键发送到作图区域，无须再次调整。然而，对于"Stable Diffusion 模型"、ADetailer、ControlNet、"脚本"等更为复杂的设置，则无法通过一键发送功能传输到作图区域，需要创作者根据图片信息手动进行设置和调整。

第 9 章

掌握提示词撰写逻辑并理解底模与 LoRA 模型

9.1　认识Stable Diffusion提示词

在使用 Stable Diffusion 生成图像时,无论采用"文生图"模式还是"图生图"模式,都需要填写相应的提示词。事实上,如果不能准确地书写提示词,几乎无法得到期望的效果。因此,对于每一位使用 Stable Diffusion 的创作者而言,掌握正确撰写提示词的方法是至关重要的。

9.1.1　正面提示词

正面提示词用于描述创作者希望图像中呈现的元素、画质以及画风。在书写时,应使用英文单词及标点。描述方式可以分为两种:一种是使用自然语言进行叙述,例如 A girl walking through a circular garden;另一种则是使用单个的词或短语,如 A girl, circular garden, walking。根据目前 Stable Diffusion 的实际应用情况,如果不使用 Stable DiffusionXL 模型的最新版本,建议避免使用自然语言进行描述,因为 Stable Diffusion 可能无法充分理解这种描述方式。即使使用了 Stable DiffusionXL 模型,对于中长句型的理解也不能保证完全准确。因此,利用 Stable Diffusion 进行创作时存在一定的随机性,这也是许多创作者口中的"抽卡"过程——即通过反复生成图像,从中挑选出满意的作品。为了获得多张图像以供选择,常用的方法是在"总批次数"与"单批数量"的文本框中输入不同的数值,具体操作如下图所示。

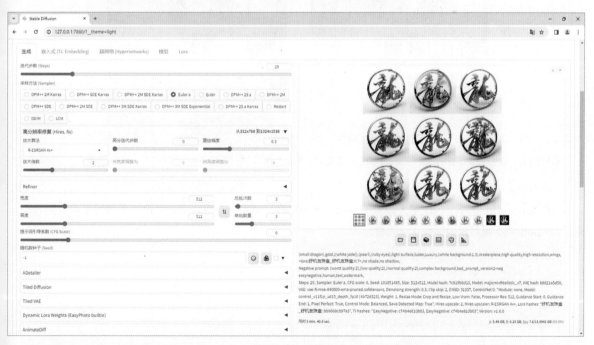

另一种方法是在"生成"按钮上右击,从弹出的快捷菜单中选择"无限生成"选项,这样可以持续生成大量的图像。当想要停止生成时,只需选择"停止无限生成"选项即可,具体操作如下页上图所示。

正确书写正向提示词在使用 Stable Diffusion 时至关重要。这不仅涉及书写时的逻辑性，还涵盖了语法、权重等多个相关知识领域。这些内容将在后续章节中进行详细讲解。

9.1.2　负面提示词

简单地说，负面提示词主要有两大作用。首先，它可以提高画面的品质；其次，通过描述不希望出现在画面中的元素或特点，它可以进一步完善画面。例如，如果想要人物的长发遮盖住耳朵，可以在负面提示词中加入 ear；为了让画面看起来更像照片而非绘画，可以在负面提示词中添加 painting, comic 等；为了避免画面中的人物出现多余的手脚，可以添加 too many fingers, extra legs 等描述。

例如，下左图是没有添加负面提示词的效果，而下右图则是添加了负面提示词后的效果。可以明显看出，下右图的质量有了显著提升。

相对而言，负面提示词的撰写逻辑确实比正面提示词简单许多。在撰写负面提示词时，可以采用以下两种方法。

1. 使用Embedding模型

由于 Embedding 模型可以将大段的描述性提示词整合打包为一个提示词，并产生同等甚至更好的效果，因此 Embedding 模型常用于优化负面提示词。

比较常用的 Embedding 模型有以下几个。

（1）EasyNegative

EasyNegative 是目前使用率极高的一个负面提示词 Embedding 模型，可以有效提升画面的精细度，避免出现模糊、灰色调、面部扭曲等情况，适合动漫风底模，下载链接如下。

https://civitai.com/models/7808/easynegative

https://www.liblib.art/modelinfo/458a14b2267d32c4dde4c186f4724364

（2）Deep Negative_v1_75t

Deep Negative 可以提升图像的构图和色彩，减少面部的扭曲、错误的人体结构、颠倒的空间结构等情况的出现，无论是动漫风还是写实风的底模都适用，下载链接如下。

https://civitai.com/models/4629/deep-negative-v1x

https://www.liblib.art/modelinfo/9720584f1c3108640eab0994f9a7b678

（3）badhandv4

badhand 是一款专门针对手部进行优化的负面提示词 Embedding 模型，能够在对原画风影响较小的前提下，减少手部残缺、手指数量有误、出现多余手臂的情况，适合动漫风底模，如下图所示。

此模型下载链接如下。

https://civitai.com/models/16993/badhandv4-animeillustdiffusion

https://www.liblib.art/modelinfo/388589a91619d4be3ce0a0d970d4318b

（4）Fast Negative

Fast Negative 也是一个非常强大的负面提示词 Embedding 模型，它打包了常用的负面提示词，能在对原画风和细节影响较小的前提下提升画面精细度，动漫风和写实风的底模都适用，下载链接如下。

https://civitai.com/models/71961/fast-negative-embedding

https://www.liblib.art/modelinfo/5c10feaad1994bf2ae2ea1332bc6ac35

2．使用通用提示词

生成图像时，可以使用下面展示的通用负面提示词。

nsfw,ugly,duplicate,mutated hands, (long neck), missing fingers, extra digit, fewer digits, bad feet,morbid,mutilated,tranny,poorly drawn hands,blurry,bad anatomy,bad proportions,extra limbs, cloned face,disfigured,(unclear eyes),lowers, bad hands, text, error, cropped, worst quality, low quality, normal quality, jpeg artifacts, signature, watermark, username, bad feet, text font ui, malformed hands, missing limb,(mutated hand and finger:1.5),(long body:1.3),(mutation poorly drawn:1.2),malformed mutated, multiple breasts, futa, yaoi,gross proportions, (malformed limbs), NSFW, (worst quality:2),(low quality:2), (normal quality:2), lowres, normal quality, (grayscale), skin spots, acnes, skin blemishes, age spot, (ugly:1.331), (duplicate:1.331), (morbid:1.21), (mutilated:1.21), (tranny:1.331), mutated hands, (poorly drawn hands:1.5), blurry, (bad anatomy:1.21), (bad proportions:1.331), extra limbs, (disfigured:1.331), (missing arms:1.331), (extra legs:1.331), (fused fingers:1.61051), (too many fingers:1.61051), (unclear eyes:1.331), lowers, bad hands, missing fingers, extra digit,bad hands, missing fingers, (((extra arms and legs)))

9.2 正面提示词结构

在撰写正面提示词时，可以参考通用模板：质量＋主题＋主角＋环境＋气氛＋镜头＋风格化＋图像类型。
这个模板的各组成要素解释如下。

- 质量：即用于描述画面的质量标准。

- 主题：要清晰地描述出想要绘制的主题，例如珠宝设计、建筑设计和贴纸设计等。

- 主角：这里的主角既可以是人，也可以是物。需要对其大小、造型和动作等进行详细描述。

- 环境：用于描述主角所处的环境，例如室内、丛林中、山谷中等。

- 气氛：这包括光线，比如逆光、弱光，还包括天气状况，如云、雾、雨、雪等。

- 镜头：用于描述图像的景别，例如全景、特写，以及视角的水平角度类型。

- 风格化：描述图像的风格，如中式、欧式等。

在具体撰写时，创作者可以根据需要选择一个或几个要素来进行描述。同时，应当注意避免使用没有实际意义的词汇，例如"紧张的气氛""天空很压抑"等。

在提示词中，可以用逗号来分割不同的词组，而且逗号还具有一定的权重排序功能：逗号前的权重较高，逗号后的权重较低。

因此，提示词通常应该写为：图像质量＋主要元素（人物、主题、构图）＋细节元素（饰品、特征、环境细节）。

如果创作者想要明确突出某个主体，应当使其生成步骤靠前，加大生成步骤数，将词缀排序靠前，以提高其权重。整体的优先级顺序大致为：画面质量→主要元素→细节。

如果创作者想要明确画面的风格，那么风格词缀的优先级应当高于内容词缀，整体的优先级顺序为：画面质量→风格→元素→细节。

9.3 质量提示词

质量指的是图片整体呈现的效果，相关的评价指标包括分辨率、清晰度、色彩饱和度、对比度和噪声等。高质量的图片在这些方面会有更出色的表现。通常情况下，我们期望生成高质量的图片。

常见的质量提示词有：best quality（最佳质量）、masterpiece（杰作）、ultra detailed（超精细）、UHD（超高清）、HDR、4K、8K等。

需要特别指出的是，对于目前广泛使用的 Stable Diffusion 1.5 版本模型，在提示词中加入质量词是很有必要的。然而，如果使用的是较新的 Stable DiffusionXL 版本模型，由于质量提示词对生成图片的影响较小，因此可以不必添加。这是因为 Stable DiffusionXL 模型默认就会生成高质量的图片。

Stable Diffusion 1.5 版本模型在训练过程中使用了各种不同质量的图片，因此需要通过质量提示词来指示模型优先使用高质量的数据来生成图像。

下面展示的两张图片使用了完全相同的底模和生成参数，唯一的区别在于：在生成下右图时使用了质量提示词 4K, UHD, best quality, masterpiece，而在生成下左图时则没有使用这些质量提示词。从图像质量上来看，下右图的质量明显高于下左图。

9.4　掌握提示词权重

在撰写提示词时，可以通过调整提示词中单词的权重来影响图像中局部图像的效果。这通常是通过使用不同的符号与数字来实现的，具体方法如下所述。

9.4.1　用大括号"{}"调整权重

如果为某个单词添加 {}，则可以为其增加 1.05 倍权重，以增强其在图像中的表现。

9.4.2　用小括号"( )"调整权重

如果为某个单词添加（），可以为其增加 1.1 倍权重。

9.4.3　用双括号"(( ))"调整权重

如果使用双括号，则可以叠加权重，使单词的权重提升为 1.21 倍（1.1×1.1），但最多可以叠加使用 3 个双括号，即 1.1×1.1×1.1=1.331 倍。

例如，当以 1girl,black_coat,o-yuki,messy hair,flying snowflakes,upper_body,close-up,focus on the face,profile,looking up,from below, 为提示词生成图像时，可以得到如下页上左图所示的图像。但如果为 flying snowflakes, 叠加 3 个双括号，则可以得到如下页上右图所示的图像，可以看出空中飘落的雪花明显增大了。

9.4.4　用中括号"[ ]"调整权重

前面介绍的符号都是用来增加权重的。如果想要减少权重，可以使用中括号 []，以降低该单词在图像中的表现。添加 [] 后，可以将单词本身的权重降低 0.9，最多可以使用 3 个中括号。

例如，下右图为 falling petals 叠加 3 个 [] 后得到的效果，可以明显看出空中的花瓣减少了。

9.4.5　用冒号":"调整权重

除了使用以上括号，还可以使用冒号加数字的方法来修改权重。例如，(fractal art:1.6) 就是指为 fractal art 添加 1.6 倍权重。

在实际应用时，权重数值可以小到 0.1，但通常不建议大过 1.5，因为当权重数值过大时，图像有较大可能出现崩坏或乱码。

9.5　理解提示词顺序对图像效果的影响

在默认情况下，提示词中位置越靠前的单词权重越高。这意味着，当创作者发现提示词中的某些元素没有在图像中体现出来时，可以采取两种方法来使其出现在图像中。

第一种方法是使用前文讲过的叠加括号的方式。

第二种方法是将相关单词移动到句子的前面。

例 如，当 使 用 提 示 词 1girl, white hair, parallel world, exquisite facial features, cloud, sunset, cityscape, sky, horizon, building, scenery, skyscraper, twilight, smile, solo, skyline, orange_sky, sports long sleeve, from side 生成图像时，得到的效果如下左图所示。可以看到，图像中并没有出现笔者在句子末尾添加的 green sports backpack（绿色运动背包）。

但是，如果将 green sports backpack 移动到句子的前部，即使用提示词 1girl, green sports backpack, white hair, parallel world, exquisite facial features, cloud, sunset, cityscape, sky, horizon, building, scenery, skyscraper, twilight, smile, solo, skyline, orange_sky, sports long sleeve, from side 再生成图像，则可以使图像中出现绿色的运动背包，如下右图所示。

9.6 理解并使用Stable Diffusion大模型模型

9.6.1 什么是大模型模型

当打开 Stable Diffusion 后，左上方就是 Stable Diffusion 大模型（也称为主模型、基础模型）的下拉列表，由此不难看出其重要性。

在人工智能的深度学习领域，模型通常是指具有数百万到数十亿参数的神经网络。这些模型需要大量的计算资源和存储空间来训练和保存，旨在提供更强大、更准确的性能，以应对更复杂、更庞大的数据集或任务。

简单来说，Stable Diffusion 大模型就是通过大量训练，使 AI 掌握各类图片的信息特征。这些海量信息汇总沉淀下来的文件，就是大模型。

由于大模型文件里包含大量信息，因此，通常我们在网上下载的大模型文件都非常大。下面展示的是笔者使用的大模型文件，可以看到最大的文件有 7GB，小一些的文件也有 4GB。

Anything_jisanku.ckpt	7,523,104 KB	2023/10/16 3:16	CKPT 文件
chilloutmix_.safetensors	7,522,730 KB	2023/10/16 1:31	SAFETENSORS ...
影视游戏概念模型.safetensors	7,522,730 KB	2023/10/16 1:48	SAFETENSORS ...
插画海报风格.safetensors	7,522,720 KB	2023/10/16 5:52	SAFETENSORS ...
SDXL_base_1.0.safetensors	6,775,468 KB	2023/11/8 11:25	SAFETENSORS ...
SDXL DreamShaper XL1.0_alpha2 (xl1.0).safetensors	6,775,458 KB	2023/10/15 20:08	SAFETENSORS ...
SDXL juggernautXL_version5.safetensors	6,775,451 KB	2023/10/5 0:06	SAFETENSORS ...
SDXL sdxlNijiSpecial_sdxlNijiSE.safetensors	6,775,435 KB	2023/10/15 19:51	SAFETENSORS ...
leosamsHelloworldSDXLModel_helloworldSDXL10.safetensors	6,775,433 KB	2023/10/5 12:34	SAFETENSORS ...
SDXL leosamsHelloworldSDXLModel_helloworldSDXL10.safetensors	6,775,433 KB	2023/10/15 20:04	SAFETENSORS ...
SDXL dynavisionXLAllInOneStylized_release0534bakedvae.safetensors	6,775,432 KB	2023/10/15 19:55	SAFETENSORS ...
SDXL Microsoft Design 微软彩彩风格_v1.1.safetensors	6,775,431 KB	2023/10/15 20:08	SAFETENSORS ...
SDXL refiner_vae.safetensors	5,933,577 KB	2023/10/15 22:01	SAFETENSORS ...
建筑 realistic-archi-sd15_v3.safetensors	5,920,999 KB	2023/10/16 5:56	SAFETENSORS ...
2.5D: protogenX34Photorealism_1.safetensors	5,843,978 KB	2023/10/16 0:17	SAFETENSORS ...
建筑 aargArchitecture_v10.safetensors	5,680,582 KB	2023/10/18 18:29	SAFETENSORS ...
perfectWorld_perfectWorldBakedVAE.safetensors	5,603,625 KB	2023/10/26 1:33	SAFETENSORS ...
AbyssOrangeMix2_nsfw.safetensors	5,440,238 KB	2023/10/16 2:09	SAFETENSORS ...
二次元: AbyssOrangeMix2_sfw.safetensors	5,440,238 KB	2023/10/15 21:40	SAFETENSORS ...
moonmix_fantasy20.safetensors	5,440,238 KB	2023/10/26 1:24	SAFETENSORS ...
revAnimated_v122.safetensors	5,376,405 KB	2023/10/26 0:44	SAFETENSORS ...
revAnimated_v122EOL.safetensors	5,376,405 KB	2023/10/4 23:37	SAFETENSORS ...
cyberrealistic_v33.safetensors	5,376,404 KB	2023/10/4 23:11	SAFETENSORS ...

9.6.2 理解大模型模型的应用特点

需要特别指出的是，大模型文件并不是保存的一张张图片，这是许多初学者的误区。大模型文件保存的是图片的特征信息数据。理解这一点之后，才会明白为什么有些大模型擅长绘制室内效果图，有些擅长绘制人像，有些擅长绘制风光。

这就涉及大模型的应用特点，也是为什么一个 AI 创作者需要安装数百 GB 的大模型的原因。因为只有这样，才可以在绘制不同领域的图像时，调用不同的大模型。

这也是 Stable Diffusion 与 Midjourney 最大的不同之处。我们可以简单地将 Midjourney 理解为一个通用大模型，只不过这个大模型不保存在本地。而 Stable Diffusion 由无数个分类大模型构成，想绘制哪一种图像，就需要调用相对应的大模型。

下页展示的是使用同样的提示词、参数，仅更换大模型的情况下绘制出来的图像。从中可以直观地感受到大模型对图像的影响。

在前面展示的 3 张图像中，最上方的图像使用的大模型为 Chilloutmix-Ni-pruned。此大模型专门用于绘制写实类人像，因此，从生成的图像可以看出来，成品效果非常真实。

生成中间的图像时，使用的大模型为 counterfeitV3，此大模型用于生成二次元动漫风格的图像。因此，生成的图像具有非常明显的二次元动漫风格。

生成最下方的图像时，使用的大模型是 dreamshaper_8。这个大模型专注于生成 3D 人物角色，能生成细节丰富的 3D 角色。因此，从展示的图像也能看出来，图像有明显的 3D 效果，且细节效果也非常好。

9.7 理解并使用LoRA模型

9.7.1 认识LoRA模型

LoRA（Low-Rank Adaptation）是一种可以由爱好者定制训练的小模型，可以理解为大模型的补充或完善插件。它能在不修改大模型的前提下，利用少量数据训练出一种独特的画风、IP 形象或景物。掌握 LoRA 是掌握 Stable Diffusion 的核心所在。

由于其训练是基于大模型的，因此所需数据量相对较低，文件也比较小。下面展示的是笔者使用的部分 LoRA 模型。可以看到，小的模型只有 30MB，大的也不过 150MB。与大模型动辄几吉字节（GB）的文件大小相比，区别显著。

名称	大小	日期	类型
funnyCreatures_v20有趣的生物.safetensors	147,568 KB	2023/10/16 22:35	SAFETENSORS 文件
anxiang.safetensors	147,568 KB	2023/10/5 12:39	SAFETENSORS 文件
FilmVelvia3.safetensors	147,568 KB	2023/10/5 17:03	SAFETENSORS 文件
samdoesartsSamYang_offsetRightFilesize.safetensors	147,568 KB	2023/10/16 22:59	SAFETENSORS 文件
lucyCyberpunk_35Epochs.safetensors	147,534 KB	2023/10/16 23:03	SAFETENSORS 文件
genshinImpact_2原神风魔.safetensors	110,705 KB	2023/10/16 22:30	SAFETENSORS 文件
中国龙chineseDragonChinese_v20.safetensors	85,942 KB	2023/10/16 22:10	SAFETENSORS 文件
epiNoiseoffset_v2.safetensors	79,571 KB	2023/10/16 23:00	SAFETENSORS 文件
万叶服装kazuhaOfficialCostumeGenshin_v10.safetensors	73,848 KB	2023/10/16 22:13	SAFETENSORS 文件
chilloutmixss_xss10.safetensors	73,845 KB	2023/10/16 23:00	SAFETENSORS 文件
Euan Uglow style.safetensors	73,844 KB	2023/10/4 23:53	SAFETENSORS 文件
chineseArchitecturalStyleSuzhouGardens_suzhouyuanlin...	73,843 KB	2023/10/16 22:22	SAFETENSORS 文件
xiantiao_style.safetensors	73,842 KB	2023/10/4 23:44	SAFETENSORS 文件
羽·翻腾·摄影_v1.0.safetensors	73,841 KB	2023/11/2 22:38	SAFETENSORS 文件
arknightsTexasThe_v10.safetensors	73,840 KB	2023/10/16 23:01	SAFETENSORS 文件
ghibliStyleConcept_v40动漫风景.safetensors	73,839 KB	2023/10/16 22:27	SAFETENSORS 文件
CyanCloudyAnd_v20苍云山.safetensors	46,443 KB	2023/10/16 22:31	SAFETENSORS 文件
chineseStyle_v10中国风建筑.safetensors	43,904 KB	2023/10/16 22:31	SAFETENSORS 文件
gachaSplashLORA_gachaSplash31.safetensors	36,991 KB	2023/10/16 22:59	SAFETENSORS 文件
eddiemauroLora2 (Realistic).safetensors	36,987 KB	2023/10/5 11:40	SAFETENSORS 文件
vegettoDragonBallZ_v10贝吉特龙珠.safetensors	36,983 KB	2023/10/16 22:18	SAFETENSORS 文件
苗族服装HmongCostume_Cyan.safetensors	36,983 KB	2023/10/16 22:13	SAFETENSORS 文件
龙ironcatlora2Dragons_v10.safetensors	36,978 KB	2023/10/16 22:13	SAFETENSORS 文件
xsarchitectural_24moonsciFistyle科幻风格.safetensors	36,978 KB	2023/10/16 22:59	SAFETENSORS 文件
xsarchitectural_25eschatologicalstyle末世风格.safetensors	36,977 KB	2023/10/16 22:17	SAFETENSORS 文件

使用 LoRA 模型时需要注意，有些 LoRA 模型的作者会在训练时加上一些强化认知的触发词。只有在提示词中添加这一触发词，才能够激活 LoRA 模型，使其优化大模型生成的图像。因此在下载模型时需要注意其触发词。

有的模型则没有触发词，这时直接调用即可，模型会自动触发控图效果。为了让各位读者直观感受 LoRA 模型的作用，下面将使用同样的提示词和参数，展示使用及不使用 LoRA 模型，以及使用不同的 LoRA 模型时得到的图像效果。

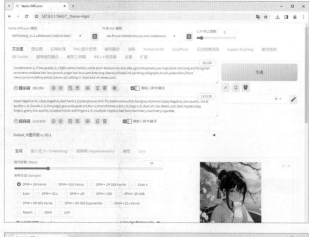

在前面展示的 3 张图像中，最上方的图像使用的 LoRA 模型为 "好机友国风插画"。此模型专门用于绘制国风插画人像。因此，从生成的图像可以看出，成品图像就像用水彩画出来的一样，风格与国风水彩极为相似，效果非常好。

生成第 2 张的图像时，没有使用 LoRA 模型，仅在提示词中添加了与国风水彩、汉服有关的词条，因此效果并不理想。

生成第 3 张图像时，使用的 LoRA 模型是 Elegant hanfu ruqun style。这个模型专注于动漫汉服襦裙风格。因此，从展示的图像也能看出，图像是明显的动漫汉服风格。

9.7.2　叠加LoRA模型

与大模型不同，LoRA 模型可以叠加使用，并通过调整权重参数，使生成的图像同时展现多个 LoRA 模型的效果。

例如，在下页上图展示的界面中，笔者使用的提示词为：masterpiece, Best quality, ultra high res, highly detailed, 1girl, vr glasses, cyberpunk, science fiction, LoRA:CyberpunkAI_v1.0:1, glowing, vaporwave, artstation, concept art, HD, 8k, extremely beautiful, focus on upper body, LoRA:GlowingRunesAIv4:0.4。

为了让人物既具有赛博朋克风格，又带有酷炫的光芒，这里叠加使用了名为 CyberpunkAI_v1 与 GlowingRunesAIv4 的两个 LoRA 模型，并通过权重参数进行了细致的调整。

下图展示当使用不同权重数据时的图像变化。

LoRA: CyberpunkAI_v1:1.0
LoRA: GlowingRunesAIv4:0.4

LoRA: CyberpunkAI_v1:1.0
LoRA: GlowingRunesAIv4:0.6

LoRA: CyberpunkAI_v1:1.0
LoRA: GlowingRunesAIv4:0.8

LoRA: CyberpunkAI_v1:1.0
LoRA: GlowingRunesAIv4:1.0

LoRA: CyberpunkAI_v1:1.5
LoRA: GlowingRunesAIv4:0.6

LoRA: CyberpunkAI_v1:1.6
LoRA: GlowingRunesAIv4:0.4

LoRA: CyberpunkAI_v1:1.8
LoRA: GlowingRunesAIv4:0.4

LoRA: CyberpunkAI_v1:2.0
LoRA: GlowingRunesAIv4:0.4

LoRA: CyberpunkAI_v1:2.0
LoRA: GlowingRunesAIv4:0.6

通过上页展示的系列图像可以看出，权重数值对生成赛博朋克感觉的 LoRA: CyberpunkAI_v1 和生成发光效果的 LoRA: GlowingRunesAIv4 并未产生均等影响。因此，在实例中，创作者需要自行尝试不同的数据，以获得令人满意的整合效果。

9.7.3　使用LoRA模型的方法

与选择大模型只需在界面左上角的"模型"下拉列表中选择模型不同，要使用 LoRA 模型，需要切换到 LoRA 选项卡，如下图所示。

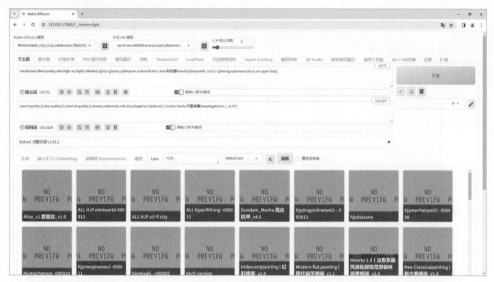

在此选项卡中可以看到许多不同的 LoRA 模型，有些模型有封面图，有些没有，如下图所示。

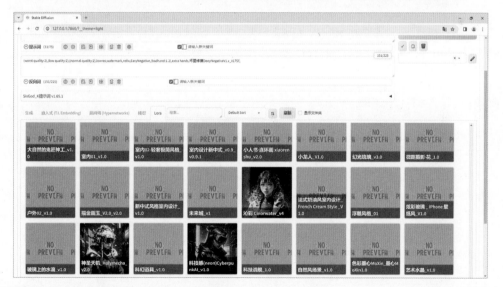

将光标放在正向提示词的文本框中，单击想要使用的 LoRA 模型，相应的 LoRA 模型提示词便会自动添加到提示词中，例如：masterpiece, Best quality, highly detailed, 1girl, vr glasses, cyberpunk, science fiction, LoRA:CyberpunkAI_v1.0:1, glowing, focus on upper body。

其中的 LoRA:CyberpunkAI_v1.0:1 就是通过单击添加的 LoRA 模型，其初始权重为 1，创作者可以根据需要进行修改。

9.8 安装大模型及LoRA模型

模型的安装步骤大致相同，都需要先将模型文件下载到本地，再将其放置到 Stable Diffusion 本地文件夹的对应子文件夹中，之后在页面中刷新，即可使用新安装的模型。具体的操作步骤如下。

01 将需要的模型下载到本地计算机中，这里下载的是AWPainting_v1.2大模型。

02 将AWPainting_v1.2模型文件剪切到Stable Diffusion WebUI\models\Stable-diffusion文件夹中，这里的路径：D:\Stable Diffusion\Stable Diffusion-webui-aki-v4.4\models\Stable-diffusion，如下图所示。

03 打开Stable Diffusion WebUI页面，单击"Stable Diffusion模型"下拉列表右侧的 按钮，刷新Stable Diffusion模型，就会在"Stable Diffusion 模型"下拉列表中显示刚导入的AWPainting_v1.2模型，如下图所示。

04 如果要安装LoRA模型，则要向models\LoRA文件夹中复制新的LoRA模型，然后在Stable Diffusion界面的LoRA选项卡中单击"刷新"按钮，就可以找到新加入的LoRA模型。

第 10 章

用 ControlNet 模型精准控制图像

10.1 ControlNet安装方法

ControlNet 是一款专为 Stable Diffusion 设计的插件，其核心在于采用了 Conditional Generative Adversarial Networks（条件生成对抗网络）技术，为创作者提供更为精细的图像生成控制。这意味着创作者能够更加精准地调整和控制生成的图像，以达到理想的视觉效果。

在 ControlNet 出现之前，创作者在使用 Stable Diffusion 生成图像时，往往无法准确预知生成的图像内容。然而，随着 ControlNet 的推出，创作者能够通过其精准的控制功能来规范生成的图像细节，例如控制人物姿态、图片细节等。

因此，可以说 ControlNet 的出现使 Stable Diffusion 成为 AI 图像生成领域的优选之一，为图像生成带来了更多的可控性和精确度，从而让 AI 图像具备了更广泛的商业应用前景。

通常情况下，如果使用的是整合包，那么 ControlNet 的插件和模型应该已经内置安装完毕。但如果是手动安装，可以参考后文具体的安装方法。

为了正确使用 ControlNet，需要分别安装 ControlNet 插件和 ControlNet 模型。接下来将逐一进行介绍。

10.1.1 安装插件

首先是最简单的自动下载安装方法。WebUI 的扩展选项页已经集成了市场上大多数插件的安装链接。单击"扩展"选项，在扩展选项页面单击"可下载"按钮，再单击"加载扩展列表"按钮。在搜索框输入插件名称 Stable Diffusion-webui-controlnet，即可找到对应插件。最后，单击右侧的"安装"按钮即可完成安装，如下图所示。

第二种方法是从 GitHub 网址安装。单击"扩展"按钮，在扩展选项页面中单击"从网址安装"按钮。在"扩展的 git 仓库网址"文本框中输入 ControlNet 的插件包地址：https://github.com/Mikubill/Stable Diffusion-webui-controlnet。单击"安装"按钮，即可自动下载并安装 ControlNet 插件，如下页上图所示。

插件安装完成后，可以在"扩展"选项中的"已安装"页面查看和控制插件是否启用。注意，插件必须选中才会启用，每次修改设置后都要单击"应用"按钮并重新加载 WebUI 界面，更改才会生效，如下图所示。

重新加载 WebUI 界面后，在文生图及图生图页面底部，就可以找到 ControlNet 插件选项了，如下图所示。

10.1.2 安装模型

插件安装完成后，接下来还需要安装用于控制绘图的 ControlNet 模型。ControlNet 提供了多种不同的控图模型，完整模型的大小约为 1.4GB，而半精度模型的大小约为 700MB，具体如下图所示。官方 ControlNet 模型地址：https://huggingface.co/lllyasviel/ControlNet-v1-1/tree/main。

　　下载完模型后，将模型放在 Stable Diffusion-webui-aki-v4.4\models\ControlNet 文件夹中，这样和底模、LoRA 模型等其他模型文件放在一起，更方便后期进行管理和维护。

　　在 ControlNet 升级至 V1.1 版本后，为了提升使用的便利性和管理的规范性，笔者对所有的标准 ControlNet 模型按照标准模型命名规则进行了重命名。右图详细解释了模型名称中所包含的当前模型的版本、类型等信息。

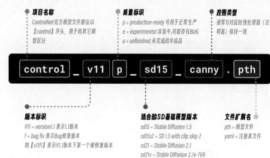

10.2　ControlNet 关键参数解析

10.2.1　启用选项

　　只有选中"启用"复选框后，在单击"生成"按钮进行绘图时，ControlNet 模型的控图效果才能生效。通常，上传图像后，ControlNet 会自动启用。如果设置了 ControlNet 插件后在绘图时未能生效，可能是因为之前取消了这里的按钮而忘记重新选中。

10.2.2　低显存模式

　　低显存模式是为显卡内存不足 8GB 或更小的创作者定制的功能。开启此模式后，虽然整体绘图速度会变慢，但显卡支持的绘图尺寸上限会得到提升。如果显卡内存只有 4GB 或更小，建议选中"低显存模式"复选框。

如果使用白底黑线图片，请使用 "invert" 预处理器。

☑ 启用 　　　　 ☑ 低显存模式 　　　　 ☑ 完美像素模式 　　　　 ☑ 允许预览

控制类型

- ⦿ 全部　　○ Canny (硬边缘)　　○ Depth (深度)　　○ NormalMap (法线贴图)　　○ OpenPose (姿态)　　○ MLSD (直线)
- ○ Lineart (线稿)　　○ SoftEdge (软边缘)　　○ Scribble/Sketch (涂鸦/草图)　　○ Segmentation (语义分割)
- ○ Shuffle (随机洗牌)　　○ Tile/Blur　　○ 局部重绘　　○ InstructP2P　　○ Reference (参考)　　○ Recolor (重上色)
- ○ Revision　　○ T2I-Adapter　　○ IP-Adapter

10.2.3　完美像素和预处理器分辨率

要理解"完美像素"选项，首先需要了解 Preprocessor Resolution（预处理器分辨率）。这个设置用于修改预处理器输出预览图的分辨率。当预处理检测图和最终图像尺寸不一致时，可能会导致绘制的图像质量受损，生成的图像效果也会大打折扣。

如果每次都手动设置"预处理器分辨率"，操作会变得非常复杂。而"完美像素模式"选项正是为了解决这一问题而设计的。当选中"完美像素模式"复选框后，"预处理器分辨率"选项会消失，此时预处理器会自动适配最佳分辨率，从而实现最佳的控图效果。因此，在使用 ControlNet 插件时，建议直接选中"完美像素模式"复选框。

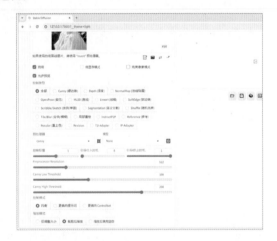 

10.2.4　预览窗口

"允许预览"是一个必选的复选框。只有开启预览窗口，才能看到预处理器执行后的预览图像。

10.2.5　控制类型

控制类型用于选择不同的 ControlNet 模型，具体控制类型会在后文详细介绍，如下图所示。

虽然这些控制类型看起来很多，但实际上对于大多数创作者来说，常用的仅是一小部分，因此学习的难度也并不算太大。

10.2.6　控制权重

控制权重参数用于设置 ControlNet 在绘图过程中的控制幅度。数值越大，ControlNet 对生成图像的控制效果越明显。换言之，Stable Diffusion 自由发挥的空间就越小。

下左图是原图，下右图是权重从 0 到 1.6 的生成图。可以明显看出，随着权重的增加，生成的新图与参考图的相似度也在不断提高。

10.2.7　引导介入/终止时机

引导介入时机和引导终止时机参数用于设置 ControlNet 在整个迭代步数中作用的开始步数和结束步数。例如，如果整个迭代步数为 30 步，设置 ControlNet 的控图引导介入时机为 0.1，引导终止时机为 0.9，则表示 ControlNet 的控图引导从第 3 步开始，到第 27 步结束。

如果要利用 ControlNet 严格控制形状，可以将引导介入时机设置为 0，引导终止时机设置为 1，这样 ControlNet 将在整个迭代过程中起作用。否则，可以设置一个其他数值，以便于 Stable Diffusion 有自由发

挥的空间。下图展示的是笔者生成的不同介入时机与终止时机的关系图。可以看出来,针对此例,介入时机为 0.1,终止时机为 0.7 的效果较好。

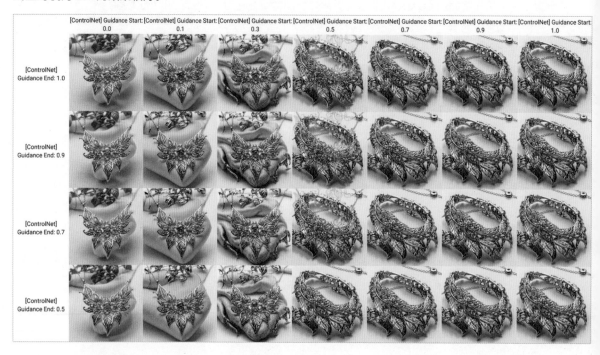

10.2.8　控制模式

控制模式的各个选项用于调整 ControlNet 和提示词对绘图结果的影响程度。默认选中"平衡"单选按钮即可。如果选中"更偏向提示词"单选按钮,则 ControlNet 的控图效果会相对削弱;而选中"更偏向 ControlNet"单选按钮,则 ControlNet 的控图效果会得到加强。

下左图是原图,下右图从左到右分别展示了在"均衡""更偏向提示词"和"更偏向 ControlNet"模式下的生成图。

10.3　ControlNet控制类型详解

10.3.1　Canny（硬边缘）

Canny 模型的使用范围很广，被开发者誉为最重要的 ControlNet。该模型源自图像处理领域的边缘检测算法，能够很好地识别出图像的边缘轮廓，并利用此信息控制新图像的生成。

例如，可以用 Canny 精确提取出画面中元素的边缘线稿，再配合不同的模型，精准还原画面中的内容布局进行绘图。下图展示的是通过 Canny 将真人图片的线稿提取出来，再利用二次元模型实现真人转动漫的效果。

在选择预处理器时，除了 Canny，还有 Invert（对白色背景黑色线条图像进行反相处理）预处理器选项。Invert 的功能不是提取图像的边缘特征，而是将线稿的颜色进行反转。通过 Canny 等线稿类的模型处理图像时，Stable Diffusion 将白色线条识别为控制线条。但有时创作者使用的线稿可能是白底黑线，此时就需要将两者进行颜色转换，如使用 Photoshop 等软件工具进行转换处理，然后将转换后的图像保存导出为新的图像文件，重新上传到 Stable Diffusion 中。可以想见，此步骤非常烦琐。而 ControlNet 中的 Invert 预处理器则省掉了这一烦琐的步骤，可以轻松实现将白底黑线手绘线稿转换成 Stable Diffusion 可正确使用的白线黑底预处理线稿图，如下图所示。

Invert 预处理器并不是 Canny 控制类型独有的，它可以配合大部分线稿模型使用。在最新版的 ControlNet 中，当选择 MLStable Diffusion 直线、Lineart 线稿等控制类型时，在预处理器中都能看到 Invert 选项。因为用法相同，就不再详细介绍了。

当选择 Canny 时，在控制权重下方会多出 Canny Low Threshold（低阈值）和 Canny High Threshold（高阈值）两个参数，如下图所示。阈值参数控制的是图像边缘线条被识别的区间范围，以控制预处理时提取线稿的复杂程度。两者的数值范围都限制在 1～255。简单来说，数值越小，预处理生成的图像线条越复杂；数值越大，图像线条越简单。

从算法角度来看，一般的边缘检测算法用一个阈值来滤除噪声或颜色变化引起的小的灰度梯度值，而保留大的灰度梯度值。Canny 算法应用双阈值，即一个高阈值和一个低阈值来区分边缘像素。如果边缘像素点色值大于高阈值，则被认为是强边缘像素点，会被保留。如果小于高阈值而大于低阈值，则标记为弱边缘像素点。如果小于低阈值，则被认为是非边缘像素点，Stable Diffusion 会消除这些点。对于弱边缘像素点，如果它们彼此相连，则同样会被保存下来。

因此，创作者需要根据自己需要的效果动态调整这两个数值以得到最合适的线稿。不同复杂程度的预处理线稿图会对绘图结果产生不同的影响：复杂度过高会导致绘图结果中出现分割零碎的斑块；复杂度太低又会造成 ControlNet 控图效果不够准确。因此需要调节阈值参数以达到比较合适的线稿控制范围。以下为复杂度由低到高的生成图片示例。

10.3.2　Lineart（线稿）

Lineart 控制类型同样也是对图像边缘线稿的提取，但它的使用场景会更加细分，包括 Realistic 真实系和 Anime 动漫系两个方向。

在 ControlNet 插件中，Lineart 控制类型涵盖了 lineart 和 lineart_anime 两种控图模型。它们分别针对写实类和动漫类图像进行边缘提取。配套的预处理器也有多个，其中带有 anime 字段的预处理器专用于动漫类图像特征提取，其他的则用于写实图像。

与 Canny 控制类型不同的是，Canny 提取后的线稿类似计算机绘制的硬直线，线条宽度统一为 1 像素，而 Lineart 则带有明显的笔触痕迹，更像是手绘稿，可以明显观察到不同边缘下的粗细过渡。例如下中图为 Canny 生成的，下右图为 Lineart 生成的。

尽管 Lineart 控制类型划分为两种风格，但并不意味着它们不能混用。实际操作时，可以根据效果需求自由选择不同的绘图类型处理器和模型。

下图中展示了不同预处理器对写实类照片的处理效果。可以发现，针对真实系图片使用的预处理器 coarse、realistic、standard 提取的线稿更为还原，在检测时会保留较多的边缘细节，因此控图效果会更加显著。而 anime、anime_denoise 这两种动漫类预处理器对写实类照片提取效果并不好。所以，具体效果在不同场景下各有优劣，具体使用哪一种要根据实际情况和尝试决定。

　　为方便对比模型的控图效果，分别使用 lineart 和 lineart_anime 模型进行绘制。可以发现，lineart_anime 模型在参与绘制时会有更加明显的轮廓线。这种处理方式在二次元动漫中非常常见。传统手绘中，描边可以有效增强画面内容的边界感，对色彩完成度的要求不高。因此，轮廓描边可以替代很多需要色彩来表现的内容，并逐渐演变为动漫的特定风格。可以看出，lineart_anime 相比 lineart 确实更适合在绘制动漫系图像时使用。下中图为 lineart 模型生成的图像，下右图为 lineart_anime 模型生成的图像。

10.3.3　SoftEdge（软边缘）

　　SoftEdge 是一种比较特殊的边缘线稿提取模型，其特点是可以获得具有模糊效果的边缘线条，从而使生成的画面看起来更加柔和，过渡自然。

　　下左图为原图，下中图为使用此模型得到的线条预处理图像，而下右图则展示了使用此预处理图像后得到的二次元风格图像。

10.3.4　Scribble（涂鸦）

Scribble（涂鸦），也被称为 Sketch（草图），是一种特殊的边缘线稿提取模型。与其他前面学过的线稿提取模型不同，涂鸦模型带有手绘风格效果，其生成的预处理图像更像是蜡笔涂鸦的线稿。由于线条较粗且精确度较低，这种模型适合于那些不需要精确控制细节，只需求大致轮廓与原图相似，而在细节上需要 Stable Diffusion 自由发挥的场景。

例如，针对下左图的参考原图，使用此模型生成的线稿预处理图像如下中图所示，而下右图则展示了使用此线稿得到的二次元风格图像。可以看出，整体外形相似，但细节上与原图有明显区别。

在 Scribble 中，还提供了 4 种不同的预处理器供创作者选择，分别是 HED、PiDiNet、XDoG 和 T2ia_sketch_pidi。由于 HED、PiDiNet 和 T2ia_sketch_pidi 基于神经网络算法，而 XDoG 采用经典算法，因此前三者检测得到的轮廓线更粗，更符合涂鸦的手绘效果。这些预处理器基本都能保持良好的线稿控制能力。

10.3.5　Depth（深度）

这是一种很常用的控制模型，用于根据参考图像生成深度图，其界面如下图所示。

深度图也被称为"距离影像"，能直接反映画面中物体的三维深度关系。在深度图中，只有黑白两种颜色。距离镜头越近，颜色越浅（偏向白色），距离镜头越远，颜色越深（偏向黑色）。这里需要注意的是，原参考图像中的亮度或颜色并不直接决定物体与镜头的距离，这与一些创作者的直观印象可能有所不同。

Depth 模型能够提取原图像中各元素的三维深度关系，并生成深度图。创作者可以依据这张深度图来控制新生成的图像，使其三维空间关系与原图像相似。下左图为参考原图，下中图为生成的深度图，而下右图则是根据此深度图生成的新图像。可以明显看到，通过深度图的控制，新图像很好地还原了室内的空间景深关系。

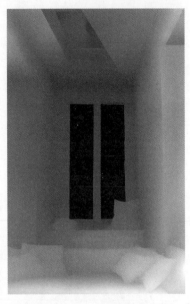

Depth 提供了 4 种预处理器：LeReS、LeReS++、MiDaS 和 ZoE。相比之下，LeReS 和 LeReS++ 在深度图细节提取上表现出较丰富的层次，其中 LeReS++ 的效果更为出色。而 MiDaS 和 ZoE 则更适合处理复杂场景。由于 ZoE 的参数量最多，其处理速度相对较慢。在实际效果上，ZoE 更倾向于强化前后景深的对比。根据预处理器算法的不同，Depth 在最终成像上也会有所差异。因此，在实际使用时，创作者可以根据预处理的深度图来判断哪种深度关系呈现得更加合适。

10.3.6　OpenPose（姿态控制）

OpenPose 是一个重要的控制人像姿势的模型，其工作界面如下图所示。

OpenPose 能够检测到人体结构的关键点，如头部、肩膀、手肘、膝盖等位置，同时忽略人物的服饰、发型、背景等细节元素。下页上左图为原图，下页上中图展示了使用此模型生成的骨骼图，下页上右图则是根据这个骨骼图生成的新图像。

在 OpenPose 中，内置了 5 种预处理器：openpose、face、faceonly、full 和 hand。它们分别用于检测五官、四肢、手部等人体结构。

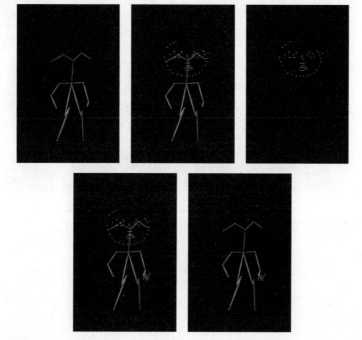

- openpose是最基础的预处理器，可以检测到人体的大部分关键点，并通过不同颜色的线条将它们连接起来。
- face预处理器在openpose的基础上强化了对人面部的识别，除了能识别基础的面部朝向，还能识别眼睛、鼻子、嘴巴等五官和脸部轮廓，因此人物表情可以还原得很好。
- faceonly预处理器只针对处理面部的轮廓点信息，适合只刻画面部细节的场景。
- full预处理器则是将以上所有预处理功能集合在一起，能够刻画出人物的所有细节，可以说是功能最全面的预处理器。在平时使用时，建议直接选择包含了全部关键点检测的full预处理器。
- hand预处理器在openpose的基础上增加了对手部结构的刻画，可以很好地解决常见的手部变形问题。

当上传图像并使用预处理器获得骨骼图后，可以单击预览图右下角的"编辑"按钮，进入姿势编辑界面，在此界面中改变骨骼图，并单击"发送姿势到ControlNet"按钮，即可根据新的摆姿生成新图像。

10.3.7　Tile（分块渲染处理）

此模型的主要功能是对图像进行分区处理，其工作界面如下图所示。

Tile 模型在图像细节修复和高清放大方面有着广泛的应用。例如，在图生图过程中，增大重绘幅度可以显著提升画面细节，但较高的重绘幅度可能会导致画面内容发生难以预测的变化。此时，Tile 模型便能够完美解决这一问题，因为它能在优化图像细节的同时，保持画面结构不受影响。理论上，只要分区足够多，结合 Tile 模型，可以就绘制出任意尺寸的超大图像。

下页上图展示了在使用 Tile 模型，且除分辨率外其他参数不变的情况下，将图像分辨率分别提升至

256×384、512×768 和 1024×1536 的效果。可以明显看出，随着图像分辨率的提升，图像细节也显著增加。

Tile 模型提供了 3 种预处理器选项，包括 colorfix（固定颜色）、colorfix+sharp（固定颜色 + 锐化）和 resample（重新采样）。相比之下，默认的 resample 预处理器在绘制时会提供更多的发挥空间，因此生成的内容与原图差异可能会更大。

如果上传的是一张略显模糊的图片，还可以使用此模型在放大图像的同时，提升其清晰度。

10.3.8　光影控制

光影控制模型并非由 ControlNet 的开发者创建，因此在安装 Stable Diffusion 之后，需要从以下网址下载安装该模型：https://pan.baidu.com/s/12tcm1fZhm9DvzvIO5-hQ7g（提取码：plll）。下载模型文件后，将其复制到 ControlNet 文件夹中，并重启 Stable Diffusion。其工作界面如下图所示。

光影控制模型在 Stable Diffusion 工作界面中的呈现方式与其他模型有所不同，它不以复选框的形式出现，并且没有预处理器。创作者需要在"控制类型"中选择"全部"单选按钮，然后在"模型"下拉列表中才能选择到两个相关模型，分别是 control_v1p_Stable_Diffusion15_brightness 和 control_v1p_Stable_Diffusion15_illumination。

对比这两个模型，我们可以发现，control_v1p_Stable_Diffusion15_brightness 生成的图像更为柔和自然，而 control_v1p_Stable_Diffusion15_illumination 生成的图像光线感更强，更为明亮。因此，control_v1p_Stable_Diffusion15_brightness 在实际应用中使用得更为普遍。

光影控制模型的应用方式非常多样，其中，将图片或文字融合到图片中的效果尤其受欢迎。下面以将文字融合到图片中为例，来讲解具体的操作步骤。

01 准备一张黑底白字的文字图片，在此使用的是"如意"竖排文字。将此图片上传到Controlnet插件中，选择模型为control_v1p_Stable Diffusion15_brightnes，"控制权重"值设置为0.5，"引导介入时机"值设置为0.1，"引导终止时机"值设置为0.65，这些参数可以根据实际情况调整，如下图所示。

02 选择一个真实感的模型，这里选择的是Realistic Vision V6.0 B1\realisticVisionV60B1_v60B1VAE. safetensors，再在提示词文本框中输入对生成图片的简单描述，这里输入的提示词为masterplece,best quality,landscape,，参数设置根据实际操作调整即可，如下图所示。

03 单击"生成"按钮，一张利用光影控制将文字融合在图片中的图像就生成了，如下图所示。如果文字效果过于明显，可以一直减小权重值，或者调整引导介入时机与引导终止时机数值，持续生成直到满意为止。如果想将图片与Logo融合，基本步骤不变，更换Controlnet中的图片即可。

第 11 章

AIGC 创意设计实战案例

11.1 生成写实类照片

　　想要使用 Stable Diffusion 生成高质量的直出照片，仅靠写实类大模型是不够的。需要通过使用专门针对摄影照片训练的大模型或者 LoRA 模型，并添加与摄影相关的提示词，才能生成效果出色的直出照片。

　　例如，要生成风光写实类照片，首先可以选择一个写实类大模型，这里推荐使用"majicMIX realistic 麦橘写实"模型。这个模型与摄影类 LoRA 结合使用时，出图效果极佳。对于 LoRA 模型，推荐使用"好机友大美风光摄影"模型，该模型能生成仅靠底模无法呈现的绝美风光，如下图所示。

　　下载地址：https://www.liblib.art/modelinfo/5b3451822bd0437cbca9c065434d2884。

　　在此处，使用特定模型生成了一些图片。在参数设置上，"迭代步数"值被设定为 30，"采样方法"选用了 DPM++ 2M Karras，图片的"尺寸"设置为 768×512。同时，我们开启了"高分辨率修复"功能以提升图片质量。"放大算法"选择的是 R-ESRGAN 4x+，旨在增强图片的清晰度。"重绘幅度"值被调整到 0.39，以便在保留原图特征的同时增加一些新的细节。"放大倍数"值设置为 2，用于放大图片的尺寸。"提示词引导系数"值设置为 6.5，以增强提示词对图片生成的影响。其他所有设置均保持默认状态。使用的提示词为如下。

　　scenery, cloud, mountain, water, sky, outdoors, watermark, landscape, web address, sunset, waterfall, cloudy sky,masterpiece,best quality,<LoRA:hjyawardphoto2--000011:0.8>,如下页上左图所示。

　　scenery, outdoors, sky, aurora, star \(sky\), starry sky, mountain, snow, road, power lines, night, night sky, utility pole, tree,masterpiece,best quality,<LoRA:hjyawardphoto2--000011:0.8>,如下页上右图所示。

scenery, outdoors, 1girl, flower, dress, field, solo, white dress, tree, grass, sky, nature, landscape, from behind, black hair, sunset, long hair, standing,masterpiece,best quality,<LoRA:hjyawardphoto2--000011:0.8>, 如下左图所示。

scenery, no humans, outdoors, sky, Light Trail, cloud, long exposure, horizon, fantasy, sunset,masterpiece,best quality,<LoRA:hjyawardphoto2--000011:0.8>, 如下右图所示。

又如生成人像类照片，同样需要首先选择一个写实类大模型。在这里，强烈推荐使用"majicMIX realistic 麦橘写实"模型，因为这个模型本就是专为生成写实类人像而设计的。对于 LoRA 模型，建议使用"好机友汉服"模型，它是专门针对汉服摄影进行训练的，生成汉服人像的效果和细节都相当出色，如下图所示。

下载地址：https://www.liblib.art/modelinfo/7a70c03fd0bf4b509646f64a7d61303f。

笔者使用该模型生成了一些图片，在参数设置方面，"迭代步数"值设置为 26，"采样方法"选择了 DPM++ 2M Karras，"尺寸"设定为 512×768，并开启了"高分辨率修复"功能。在"放大算法"上选择了 R-ESRGAN 4x+，以增强图像的清晰度。"重绘幅度"值被设定为 0.4，"放大倍数"值设置为 2。同时，开启了 ADetailer 功能，并选择了 face_yolov8n.pt 作为 ADetailer 模型，以进一步优化图像中的人物面部细节。"提示词引导系数"值设置为 6，以增强提示词在图像生成中的指导作用。其他所有设置均保持默认状态。所使用的提示词如下。

masterpiece,best quality,<LoRA:hjyhanfu--000011:0.8>,1girl,solo, mole, closed eyes, long hair, hair ornament, mole under eye, chinese clothes, realistic, profile, red lips, rim lighting, side view, from side, upper body, eyelashes, brown hair, makeup, lips, flower, closed mouth, hanfu, dress，如下左图所示。

masterpiece,best quality,<LoRA:hjyhanfu--000011:0.8>,1girl,, solo, black hair, blurry, hair ornament, lantern, chinese clothes, yellow, flare, side view, lips, red lips, depth of field, bokeh, animal print, paper lantern, hair bun, japanese clothes, realistic, upper body, makeup, bangs, from side，如下中图所示。

masterpiece,best quality,<LoRA:hjyhanfu--000011:0.8>,1girl,, realistic, solo, red hanfu, hair ornament, black hair, looking at viewer, jewelry, red lips, dress, necklace, flower, forehead mark, red dress, long sleeves, upper body, brown eyes, facial mark，如下右图所示。

又如生成美食类照片，首要步骤同样是选择一个写实类大模型。在此，强烈推荐使用"真实感必备模型"｜ChilloutMix 模型，因为该模型生成的图像具有极强的真实感。对于 LoRA 模型，建议采用"摄影 Food Photography"模型，这个模型是专门针对美食摄影进行训练的，因此生成的美食图片效果极佳，如下图所示。

下载地址：https://www.liblib.art/modelinfo/b6de01373358ca80bbef6d0a894d02ef。

11.2 生成插画类作品

想要使用 Stable Diffusion 生成插画类作品，需要选择具有相应效果的大模型来出图，并结合插画类相关的提示词和 LoRA 模型。这样生成的图片质量上乘，甚至可以直接作为素材使用。

例如，为了生成 3D 类插画作品，可以挑选一个艺术类大模型。在这里，强烈推荐 ReVAnimated_v122 模型。当该模型与 3D 类 LoRA 结合使用时，可以直接生成效果和质量都非常出色的 3D 类插画图片。对于 LoRA 模型，建议使用 Stylized 3D Model LoRA 模型，如下图所示。

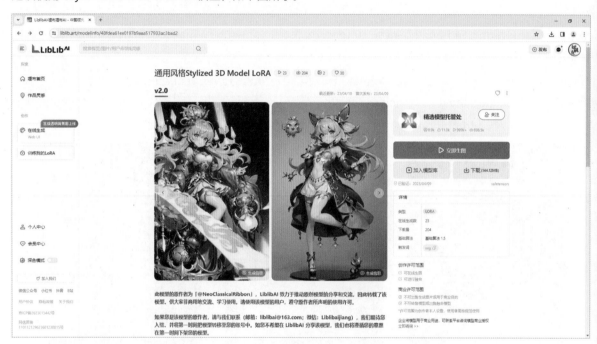

下载地址：https://www.liblib.art/modelinfo/48fdea61ee0197b9aaa517933ac3bad2。

笔者使用该模型生成了一些图片，参数设置方面，"迭代步数"值设置为 20，"采样方法"选择了 Euler a，"尺寸"设定为 512×768，并且开启了"高分辨率修复"功能。在"放大算法"方面，选择了 R-ESRGAN 4x+ Anime6B 以增强图片的清晰度与动画效果。"重绘幅度"值被设定为 0.4，"放大倍数"值设置为 2，"提示词引导系数"值设置为 7，以增强提示词在图像生成过程中的影响。其他所有设置均保持默认状态。所使用的提示词如下所示。

animation illustration,3D,1girl,solo,hair ornament,hair flower,green leaves,twin braids,looking at viewer,long sleeves,blush,brown eyes,brown hair,outdoors,upper body,grassy,smile,bangs,closed mouth,long hair,white flower,hands on own face,frills,shirt,<LoRA:stylized_3dcg_v4-epoch-000012:0.7>,如下页上左图所示。

animation illustration,3D,A boy with short white hair,white sneakers,hands in pockets,white background,graffiti on the background,<LoRA:stylized_3dcg_v4-epoch-000012:0.7>,black sweat,orange trousers,如下页上中图所示。

animation illustration,3D,1girl,solo,black hair,closed eyes,plant,shirt,computer,long hair,blush,laptop,earrings,jewelry,upper body,white shirt,leaf,profile,short sleeves,hand up,sitting,<LoRA:stylized_3dcg_v4-epoch-000012:0.7>,如下页上右图所示。

又如生成平面类插画作品，首要步骤是选择一个适合的平面类插画大模型。在此，强烈推荐使用 Flat-2D Animerge 模型。该模型能够直接根据插画类相关的提示词生成平面类插画图片，且生成的图片效果和质量都相当出色，如下图所示。

下载地址：https://www.liblib.art/modelinfo/041c010d612dcde5f03996dd1acad57c。

笔者使用该模型成功生成了一些图片，参数设置如下："迭代步数"值设置为 30，"采样方法"选择了 DPM++ 2M Karras，"尺寸"设定为 512×768，并且开启了"高分辨率修复"以提升图片质量。"放大算法"选用了 R-ESRGAN 4x+ Anime6B，以便在放大的同时保持动漫风格的清晰度。"重绘幅度"值设置为 0.3，以在保留原图特征的基础上增加一些变化。"放大倍数"值设置为 2，用于放大图片的尺寸。"提示词引导系数"值设置为 7，以增强提示词对图片生成方向的影响。其他所有设置均保持默认状态。使用的提示词如下。

tabby cat,walking,snow,(snowing:1.2),traditional Chinese architecture,bokeh background,sunlight,winter,focused,outdoor,(close-up:1.3),portrait painting,cold weather,movement,animal portrait,vibrant color,clarity,shallow depth of field,falling snowflakes,daytime,fluffy,sky,blue sky and white clouds, 如下页上左图所示。

(best quality:0.8) perfect anime illustration,a stressed woman at a cafe in London, 如下页上中图所示。

masterpiece,best quality,illustrator,painter,poster,a chinese female human god, Luminous Glow, long hair,wide,Stellar Vision, Heavenly Presence, Radiant Aura, Tranquil Grace, Celestial Essence, Inspiring Radiance, Harmony's Serenity, fantasy world setting, full body view, 如下页上右图所示。

11.3 通过动漫转真人生成广告素材

　　将二次元图片真人化，可以实现从虚构世界到现实世界的跨越。这种转化过程能够满足人们将二次元角色或场景在现实生活中具象化的愿望。例如，商家可以利用这种方式，将二次元爱好者所钟爱的角色转化为真实的人像，从而加强爱好者与这些角色之间的情感纽带，为品牌营销奠定坚实基础。

　　下面展示使用 Stable Diffusion 将二次元图片真人化的操作步骤。

01 准备一张动漫人物图片，进入Stable Diffusion "图生图"界面，在"图生图"选项卡单击上传准备好的动漫人物图片。选择一个真实感的大模型，这里选择的是majicmixRealistic_v7.safetensors，单击"DeepBooru反向推导提示词"按钮，使用Stable Diffusion的提示词反推功能，从上传的图片中反推出正确的提示词，再补充一些画面质量的提示词，这里输入的是masterpiece,best quality,1girl,solo,jewelry,earrings,looking at viewer,short hair,green dress,upper body,black hair,necklace,outdoors,dress,breasts,blurry,nature,lips,green eyes,blurry background,forest,day,parted bangs,smAll breasts,bangs,closed mouth,from side，如下左图所示。

02 单击ControlNet按钮，进入ControlNet Unite 0界面，选中"启用""完美匹配像素""允许预览""上传独立的控制图像"复选框，单击上传动漫人物图片，如下右图所示。

03 Control Type选择"线条"选项，"预处理"选择canny选项，模型选择control_v11p_Stable Diffusion15_canny，其他参数保持默认，单击■按钮，生成预览图，如下页上左图所示。

04 "缩放模式"选择"拉伸"选项，"采样步数"值设置为25，"采样器"选择DPM++ 2M Karras，尺寸与原图保持一致，这里是1024×1536，"提示词引导系数"值设置为7，"重绘强度"值调大一点儿，设置为0.75，其他设置保持默认，如下右图所示。

05 单击"生成"按钮，动漫人物转真人的图片就制作完成了，如下图所示。

11.4　通过真人转动漫功能生成海报素材

　　真实照片转二次元照片，已成为当前社交媒体上的流行玩法。借助 Stable Diffusion，可以将真实照片转换成具有独特艺术感的二次元图片，从而更富有个性地展示个人形象或产品特色。此外，这项技术还能应用于操作虚拟偶像和虚拟代言人，为品牌营销和推广开辟新思路与新方法。

　　Stable Diffusion 能够出色地完成这种转化。它能根据原始照片的细节和特征，自动生成具有特定风格和美感的二次元形象。操作步骤如下。

01　准备一张真人图片，进入Stable Diffusion的"图生图"界面，在"图生图"选项卡单击上传准备好的真人图片，选择一个动漫风格的大模型，这里选择的是"日式动漫风格_v1.0.safetensors"模型，单击"DeepBooru反向推导提示词"按钮，使用Stable Diffusion的提示词反推功能，从上传的图片中反推出正确的提示词，再补充一些画面质量的提示词，这里输入的是masterpiece,best quality,1girl,ground vehicle,motor vehicle,motorcycle,solo,outdoors,gloves,jacket,blurry,blurry background,looking at viewer,black gloves,pants,black pants,black hair,ponytail,black jacket,long hair,lips,cloud,brown hair,long sleeves,brown eyes,sky,breasts,depth of field,zipper,biker clothes,knee pads,artist name,cloudy sky,leather,low ponytail,bangs,closed mouth,day，如下图所示。

02　单击ControlNet按钮，进入ControlNet Unite 0界面，选中"启用""完美匹配像素""允许预览"和Upload independent control image复选框，单击上传真人图片，如下图所示。

03　Control Type选择"线稿"，"预处理"选择lineart_realistic，"模型"选择control_v11p_Stable Diffusion15_lineart，其他参数保持默认，单击☒按钮，生成预览图，如下左图所示。

04　"缩放模式"选择"拉伸"，"采样步数"值设置为20，"采样器"选择Euler a，尺寸与原图保持一致，这里是1024×1536，"提示词引导系数"值设置为7，"重绘强度"值调大一点儿，设置为0.7，其他设置保持默认，如下右图所示。

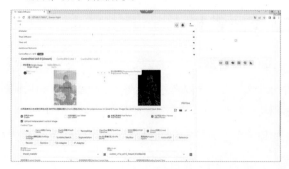

05　单击"生成"按钮，真人转动漫的图片就制作完成了，其中下左图为原图，下右图为生成的动漫图。

　　想要转换成不同风格的动漫，只需更换合适的大模型并调整提示词即可。这里展示了一张男士西装真人转动漫的图片，其中下左图为原图，下右图为生成的动漫图。

11.5　快速获得大量产品设计方案

　　得益于 AI 技术的无限可扩展性，只要选择恰当的底模与 LoRA 模型，就可以根据提示词批量设计出各类产品。这种方法能够在短时间内为设计人员提供丰富的设计灵感参考，甚至有些方案可以直接呈现给客户以供讨论。下面以滑板车设计方案为例，详细讲解其操作步骤。

01　准备一张产品图片，进入Stable Diffusion"图生图"界面，在"图生图"选项卡单击上传准备好的产品图片，选择一个真实感的大模型，这里选择的是deliberate_v3.safetensors模型，单击"DeepBooru反向推导提示词"按钮，使用Stable Diffusion的提示词反推功能，从上传的图片中反推出正确的提示词，再补充一些画面质量的提示词，这里输入的是no humans,still life,simple background,electric razor,lcd display,multifunction button,rose gold color matching，如下左图所示。

02 单击ControlNet按钮，进入ControlNet Unite 0界面，选中"启用""完美匹配像素""允许预览""上传独立的控制图像"复选框，单击上传产品图片，如下右图所示。

03 Control Type选择"深度"，"预处理"选择depth_midas，"模型"选择control_v11f1p_Stable Diffusion15_depth_fp16，"控制权重"值设置为0.8，其他参数保持默认，单击 ¤ 按钮，生成预览图，如下左图所示。

04 "缩放模式"选择"拉伸"，"采样步数"值设置为20，"采样器"选择DPM++ 2M Karras，尺寸与原图保持一致，这里是1200×1136，"每次数量"值设置为2，"提示词引导系数"值设置为7，"重绘强度"值这里调大一点儿，设置为0.7，其他设置保持默认，如下右图所示。

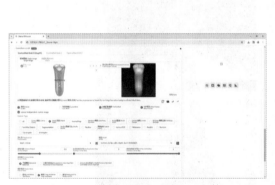

05 单击"生成"按钮，产品设计图片就制作完成了，如下图所示。

06 写实风格类型的产品可能没有很大的吸引力，更改产品风格可能会有更好的效果，在Stable Diffusion中更改产品风格也很简单，这里改成科幻风格，步骤与产品设计相似，基本操作不变，增加科技科幻风格的LoRA模型，这里增加的模型为"科技感(neon)CyberpunkAI_v1.0""科幻道具_v1.0"，权重值都设置为0.8，其他参数不变，如下图所示。

07 单击"生成"按钮，科技感剃须刀图片就制作完成了，如下图所示。

11.6　快速设计出新款珠宝

前面讲述了如何根据已有的产品衍生出更多的产品设计方案。那么，如果没有产品案例作为参考，我们又该如何设计产品呢？核心依然在于选择正确的底模与 LoRA 模型，再结合适当的提示词，就可以实现新产品的创作。接下来，将以设计新款珠宝为例，详细讲解其操作步骤。

01 设计新款产品的核心在于选择正确的底模与LoRA模型，这里用到了"好机友珠宝"模型，可以在吐司AI网站中下载，如下页上左图所示。下载地址：https://tusiart.com/models/684459848169006967。

02 进入Stable Diffusion的"文生图"界面，选择一个有真实感的大模型，这里选择的是majicmixRealistic_v7.safetensors模型，这里提示词填写的内容就是设计产品的描述，提示词越详细，得到的图片与预期效果越接近，这里想设计一个花瓣形状的项链，再增加一些画面质量的提示词，这里输入的是leaf shape,necklace,(jewelry Diamond),UHD,8K,best quality,4K,UHD,masterpiece,aiguillette,((white background)),red Emerald gemstones,(gold:1.5),shining,ruby,Luxury,gemstone,(minimalist:1.2),(((slender))),jade，单击LoRA按钮，添加前面已经下载好的"好机友珠宝"LoRA模型，设置LoRA模型权重值为0.8，如下页上右图所示。

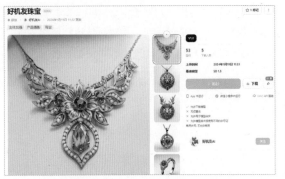

03 "采样步数"值设置为35，"采样器"选择Euler a，尺寸设置为512×512，"提示词引导系数"值设置为7，开启高分辨率修复，"高清化算法"选择R-ESRGAN 4x+，"高分辨率采样步数"值设置为35，"重绘强度"值设置为0.3，"放大倍数"值设置为2，其他设置保持默认，如下图所示。

04 单击"生成"按钮，一款花瓣形状的项链就设计完成了，如下左图所示。如果对形状不满意，或者想生成其他效果，修改提示词并多次生成，直到结果满意为止。这里又生成了一个老虎头形状的戒指，如下右图所示。

11.7 设计并展现IP形象

基于AI技术，可以创作出具有鲜明形象和风格的IP角色或形象。这些IP角色在动漫、游戏和文学等多个领域都有着广泛的应用。相较于传统的手绘 IP，AI 绘画的 IP 在创作效率和多样性方面更胜一筹，能够满足不同受众群体的多样化需求。接下来，将以 3D 超人为示例，详细介绍其操作步骤。

01　生成IP形象最重要的是选择一个合适的底模，使用写实类型和动漫类型的底模效果都不太理想，这里推荐一款专门为IP形象设计训练的底模"IP DESIGN | 3D可爱化模型"，如下图所示。下载地址：https://www.liblib.art/modelinfo/2beae39bf23edd20675436f88cbf0942。

02　进入Stable Diffusion"文生图"界面，将底模切换为"IP DESIGN _ 3D可爱化模型_V3.1.safetensors"，在提示词文本框中输入对IP形象和图片质量的描述，这里输入的是pixar,3D,C4D,HDR,UHD,16K,Highly detailed,best quality,masterpiece,chibi,solo,full body,standing,close-up,1boy,racing suit，如下图所示。

03　"采样步数"值设置为30，"采样器"选择Euler a，开启"高清修复"功能，"高清化算法"选择4x-UltraSharp，"高分辨率采样步数"值设置为30，"重绘强度"值设置为0.3，"放大倍率"值设置为2，尺寸设置为512×768，"提示词引导系数"值设置为7，其他设置保持默认，如下图所示。

04 准备一张人物姿态图片，单击ControlNet按钮，进入ControlNet Unite 0界面，选中"启用""完美匹配
像素""允许预览"复选框，单击Upload independent control image，上传准备好的人物姿态图片，
Control Type选择"骨骼"，其他参数保持默认。单击 按钮，生成姿势骨骼图，如下图所示。

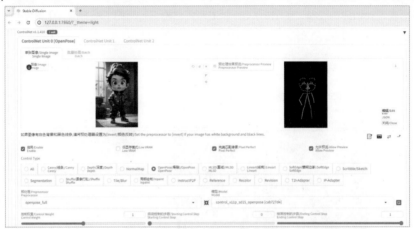

05 单击"生成"按钮，一个Q版并且按照指定姿态的IP形象就生成了，如下图所示。

11.8 制作酷炫人物变换风格视频

发布视频时若不想真人出镜，同时避免半身视频流量低的问题，可以通过 TemporalKit 插件将已拍摄的原
视频转换成任意风格。这种方法不仅解决了真人出镜的顾虑，还能为视频增添趣味性，吸引更多观众。将不同
种类的视频变换成不同的风格，可以满足各类观众的喜好。以下是将真人换装视频变换为二次元换装视频的具
体操作步骤。

01 安装TemporalKit插件，它可以让AI动画更加丝滑。进入Stable Diffusion扩展插件界面，进入"从网址安
装"选项卡，在扩展插件的git仓库网址文本框中输入https://github.com/CiaraStrawberry/TemporalKit.
git，单击"安装"按钮，即可安装TemporalKit插件，如下页上图所示。

02　准备一段人物动作视频，重载Web UI，功能栏中就多出了Temporal-Kit选项卡，进入该选项卡，在预处理选项的输入窗口中上传准备好的人物动作视频，如下图所示。

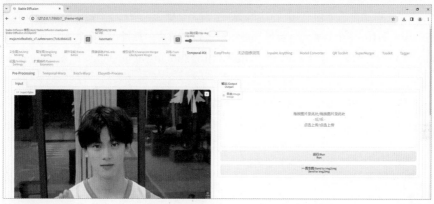

03　设置提取关键帧图片参数，Sides值设置为1，Height Resolution值设置为960，分辨率越大提取时间就越长，frames per keyframe值设置为5，如果视频较长，想要加快处理速度，可以把该数值调大，fps值设置为30，这里与原视频帧率保持一致即可，选中EBSynth Mode复选框，单击Save Settings按钮，设置目标文件夹路径，即提的关键帧图片存放位置，这里放在D:\Stable Diffusion\Stable Diffusion-webui-aki-v4.4\output\video change2路径下，单击Batch Settings按钮，选中Batch Run选项，Max key frames值设置为–1，Border Key Frames值设置为0，单击EBSynth Settings按钮，选中Split Video选项，这样参数就设置完了，如下图所示。

04　单击右侧的"运行"按钮，程序便会在原视频中提取关键帧，运行完成后，图片便会存放在video change2\input文件夹中，如下页上图所示。

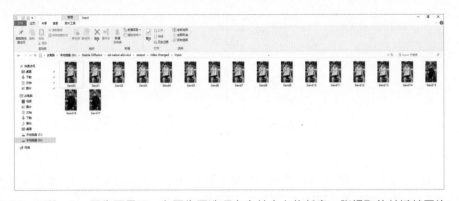

05 进入Stable Diffusion图生图界面，在图生图选项卡中单击上传任意一张提取的关键帧图片，选择一个动漫风格的大模型，这里选择的是"GhostMix鬼混_V2.0"模型，单击"DeepBooru反向推导提示词"按钮，使用Stable Diffusion的提示词反推功能，从上传的图片中反推出正确的提示词，这里输入的是best quality,masterpiece,1boy,male focus,black hair,sitting,looking at viewer,solo,brown eyes,short hair，如下图所示。

06 单击ControlNet按钮，分别进入ControlNet Unit 0和Unit 1界面，选中"启用""完美匹配像素"复选框，单元0中控制类型选中Canny(线条)单选按钮，预处理器选择canny，模型选择control_v11p_Stable Diffusion15_canny，其他参数保持默认；Unit 1中控制类型选择Tile/Blur，预处理器选择tile_resample，模型选择control_v11f1e_Stable Diffusion15_tile，其他参数保持默认，如下图所示。

07 "缩放模式"选择拉伸，"采样步数"值设置为20，"采样器"选择Euler a，尺寸与原图保持一致，这里是536×960，"提示词引导系数"值设置为7，"重绘强度"值设置为0.65，选中 After Detailer复选框，After Detailer 模型选择face_yolov8n.pt，其他设置保持默认，如下页上图所示。

08　单击"生成"按钮，复制生成图片的随机数种子，这里是208664691，单击进入图生图功能中的批量处理窗口，将复制的随机数种子粘贴到文本框，设置输入目录为提取关键帧图片的文件夹，这里的路径是D:\Stable Diffusion\Stable Diffusion-webui-aki-v4.4\output\video change2\input，输出目录设置为video change2\output文件夹，这里的路径是D:\Stable Diffusion\Stable Diffusion-webui-aki-v4.4\output\video change2\output，其他参数保持默认，单击"生成"按钮，关键帧图片已经批量生成为动漫风格了，如下图所示。

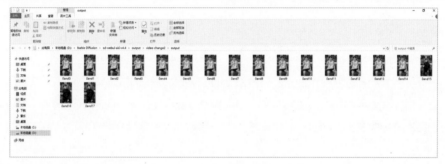

09　进入Temporal-Kit界面，单击进入Ebsynth-Process选项的Generate Batch窗口，左侧输入文件夹填写整个工程的目录，这里的路径是D:\Stable Diffusion\Stable Diffusion-webui-aki-v4.4\output，右侧输入视频上传原视频，如下图所示。

10　下面的参数设置与之前预处理时的设置保持一致，FPS值设置为30，per side值设置为1，output resolution值设置为960，batch size值设置为5，max frames值设置为150，这里的视频时长为3秒，正常最大帧数为3×30=90，因为还有边界帧数，所以这里要多设置一些，Border Frames值设置为1，如下页上图所示。

11　单击prepare ebsynth按钮对图片进行批量输出，在output文件夹中打开数字文件夹，frames文件夹中是原视频的帧，keys文件夹中是风格变换后的关键帧图片，如下图所示。

12　接下来要将所有原视频帧图转换为变换风格后的关键帧图效果，这里需要用到另一个软件EbSynth，下载解压后打开软件，如下左图所示。下载地址：https://www.ebsynth.com/。

13　Keyframes选择数字文件夹中的keys文件夹，Video要选择数字文件夹中的farms文件夹，选择完毕后，软件就把所有的图片顺序排好了，单击Run All按钮，开始转换，转换结束后再选择第二个数字文件夹转换，如下右图所示。

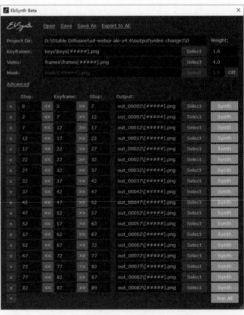

14　回到Stable Diffusion Temporal-Kit界面的Ebsynth-流程选项的批量处理窗口，单击recombine ebsynth按

钮，转换风格后的视频就制作完成了，如下图所示。

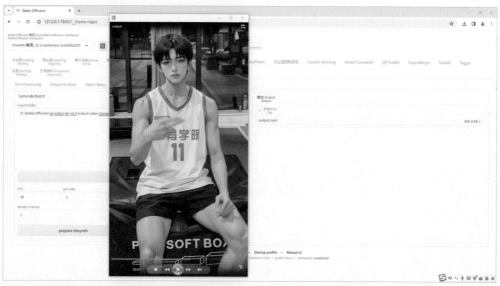

想要通过短视频进行商品推广、吸引流量或增加粉丝，但缺乏视频素材？不用担心，Stable Diffusion 的 AnimateDiff 插件可以帮助你利用图像一键生成视频。这一解决方案简单易用且灵活多变，无论是哪种类型或人物动作的视频，都能轻松一键生成。下面，将以生成二次元人物动作视频为例，详细介绍操作步骤。

01 进入Stable Diffusion扩展插件界面，进入从网址安装选项卡，在扩展插件的git仓库网址文本框中输入 https://github.com/guoyww/animatediff/，单击"安装"按钮，即可安装AnimateDiff插件，如下左图所示。

02 进入https://huggingface.co/guoyww/animatediff/tree/main网站下载AnimateDiff模型，建议下载mm_Stable Diffusion_v15_v2.ckp模型，下载后将模型放置在Stable Diffusion-webui-animatediff\model文件夹，这里的路径是D:\Stable Diffusion\Stable Diffusion-webui-aki-v4.4\extensions\Stable Diffusion-webui-animatediff\model，如下右图所示。如果无法访问模型网站，可以在网盘中下载模型。

03 重启Stable Diffusion，进入Stable Diffusion"文生图"界面，将界面滑至底部，就可以看到已经安装好的 AnimateDiff插件。单击AnimateDiff插件选项，Motion module选择mm_Stable Diffusion_v15_v2.ckpt；Save format选中MP4，如果想生成动图就选中GIF，如果需要生成的序列图就选中PNG；总帧数设置为16，建议至少使用8帧以获得良好质量，如果使用较小的值，输出效果不会那么好；帧率设置为8，调整播放的速度，建议至少8帧；显示循环数量设置为1，0代表一直循环，如果生成GIF动画建议设置为0，如果生成视频建议设置为1；步幅和重叠暂时用不到保持默认即可；闭环选择A，A代表最后一帧与第一帧相同，动画看起来更丝滑；其他设置保持默认，选中Enable AnimateDiff和AnimateDiff复选框，如下左图所示。

04 将底模切换为revAnimated_v122.safetensors，在提示词中输入人物动作和场景的描述以及画面质量提示词，这里输入的是1girl,solo,animal ears,long hair,looking at viewer,shirt,wings,white shirt,upper body,flower,lips,petals,red hair,pink hair,closed mouth,red lips,smile,angel wings,animal ear fluff,border,bangs,collarbone,feathered wings，如下右图所示。

05 "采样步数"值设置为30，"采样器"选择DDIM，尺寸设置为512×512，这里的尺寸不要设置得太大，会影响出图时间，"提示词引导系数"值设置为8，其他设置保持默认，如下页上图所示。

06　单击"生成"按钮，一个女孩逐渐展开笑容的视频就生成了，如下图所示。

11.10　珠宝电商产品精修

珠宝电商类的产品确实主要通过清晰的图片来吸引顾客购买。当无法拍摄到清晰的珠宝图片时，利用 Stable Diffusion 进行图片精修是一个有效的解决方案。下面，将以钻石戒指图片精修为例，详细介绍具体的操作步骤。

01 准备一张模糊的钻戒图片，进入Stable Diffusion图生图界面，在"图生图"选项卡单击上传准备好的图片，如下左图所示。

02 单击ControlNet按钮，进入ControlNet Unite 0界面，选中"启用""完美匹配像素"、Upload independent control image复选框，单击上传钻戒图片，这里是为了控制钻戒的形状不变，Control Type选择Canny(线条)，"预处理器"选择canny，模型选择control_v11p_Stable Diffusion15_canny，其他参数保持默认，单击▦按钮，生成预览图，如下右图所示。

03 将底模切换为写实类模型，这里选择的是majicmixRealistic_v7.safetensors模型，"模型的VAE"选择vae-ft-mse-840000-ema-pruned.safetensors，在提示词中输入对钻戒的描述以及画面质量提示词，这里输入的是masterpiece,best quality,ring,((shining diamond)),front view,reflection,white background,sliver,shining,smooth，如下左图所示。

04 添加一个珠宝类型的LoRA，单击"LoRA选项"按钮，选择"好机友珠宝"LoRA模型，设置权重值为0.8，如下右图所示。下载地址：https://www.liblib.art/modelinfo/9f0a0d7957c64d7a8cd2660cc8afff0a。

05 "缩放模式"选择"拉伸"，"采样步数"值设置为60，"采样器"选择DPM++ 2M Karras，尺寸设置为1024×768，"提示词引导系数"值设置为7，"重绘强度"值设置为0.45，其他设置保持默认，如下图所示。

06 单击"生成"按钮，精修的钻石戒指图片就生成了，如下右图所示。如果对效果不满意，修改提示词并多次生成，直到结果满意为止。

11.11　人物一键精修

通过 Stable Diffusion 的人像精修功能，可以对人像进行精细化的处理。这包括去除皮肤上的瑕疵、优化肤色使其更为自然、增强眼神光亮度等，旨在全面提升人像的整体美感，使其更加靓丽动人。以下是具体的操作步骤。

01 准备一张需要精修的人像图片，进入Stable Diffusion的"图生图"界面，在"图生图"选项卡单击上传准备好的模糊图片，如下左图所示。

02 将底模切换为人像写实类模型，这里选择的是MoyouArtificial_v1060.safetensors，"模型的VAE"选择vae-ft-mse-840000-ema-pruned.safetensors。

03 由于上传的人像面带微笑，再补充一些画面质量的提示词，因此这里的提示词输入的是masterpiece,best quality,UHD,4K,award photography，如下右图所示。

04 "缩放模式"选择"拉伸"，"采样步数"值设置为35，"采样器"选择DPM++ 2M Karras，尺寸设置为512×768，"提示词引导系数"值设置为8.5，"重绘强度"值设置为0.02，其他设置保持默认，如下页上左图所示。

05 选中ADetailer和After Detailer复选框 ，"模型"选择face_yolov8n.pt，其他参数保持默认，如下页上右图所示。

06 单击"生成"按钮，人像图片精修就完成了，如下图所示。对比原图与一键精修后的图片，可以看出来人像面部的印记都消除了，肤色也更正常了。需要特别注意的是"重绘强度"值一定要设置为一个尽可能小的数值，这样才可以保证重绘时，不改变人像的面部特征。

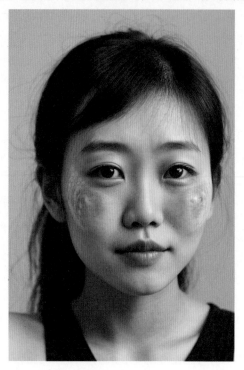 

11.12　为人像照片更换服装

　　在 AI 工具出现以前，拍摄服装的成本确实较高，聘请专业模特的费用也是一笔不小的开支。然而，现在通过 Stable Diffusion 的"图生图"重绘蒙版功能，可以实现模特换装，甚至替换不同的模特，而且效果比传统 Photoshop 抠图更加自然，融合度更好。

　　以女模特换装为例，具体操作步骤如下。

01 安装Inpaint Anything插件，它利用最先进的图像识别算法，快速制作蒙版。进入Stable Diffusion "扩展插件"界面，进入"从网址安装"选项卡，在"扩展插件的 git 仓库网址"文本框输入https://github.com/Uminosachi/Stable Diffusion-webui-inpaint-anything，单击"安装"按钮，即可安装Inpaint Anything插件，如下页上图所示。

重载Web UI，功能栏中就多出了Inpaint Anything选项卡，进入该选项卡，Segment Anything Model ID选择sam_vit_l_0b3195.pth，单击右侧的Download model按钮，将模型下载到本地，单击上传准备好的模特图片，单击Run Segment Anything按钮，程序将在右侧生成一张Seg预览图，如下左图所示。

03 在Seg预览图中用画笔涂抹想要生成蒙版的区域，这里想要给模特更换衣服，所以涂抹区域为模特的衣服，单击Create Mask按钮，在下方会生成一个蒙版的预览图，可以在蒙版预览图中继续涂抹添加或删除蒙版区域，如下右图所示。

04 蒙版调整完成后，单击左侧选项栏中的Mask only按钮，进入蒙版生成界面，单击Get Mask按钮，模特衣服的蒙版就制作完成了，如下左图所示。

05 单击Send to img2img inpaint按钮，将原图和蒙版发送到"图生图"功能中的上传重绘蒙版选项中，选择一个真实感的大模型，这里选择的是majicmixRealistic_v7.safetensors，在提示词框中输入对新衣服的描述，这里输入的是Best quality,masterpiece,(photorealistic:1.4),raw photo,realistic,ultra high res,(pink sweater:1.3)，如下右图所示。

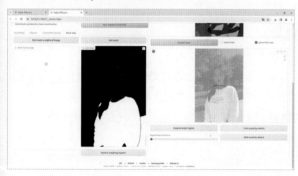

06 在下方的"蒙版模式"下拉列表中选择"绘制蒙版内容"选项，"蒙版蒙住的内容"选择"原图"选项，"绘制区域"选择"全图"选项，"采样步数"值设置为20，"采样器"选择DPM++ 2M Karras，尺寸与原图保持一致，这里是1024×1536，"重绘强度"值设置为0.6，其他参数保持默认，如下页上图所示。

07 单击"生成"按钮，模特穿着夹克的图片就生成了，如下左图所示。如果想要更换其他颜色、款式的衣服，修改提示词即可，如果生成的图片有边缘痕迹，将图片发送到"局部重绘"界面简单调整即可，这里又生成了一张卫衣的图片，如下右图所示。

11.13 为人像照片更换不同背景

人物照片更换背景能够将原本不甚理想的拍摄环境变得理想，进而提高图片的整体质量。此外，它还能创造出全新的视觉风格，例如将人物置于动漫、油画或其他类型的背景之中，为图片增添艺术感或梦幻感。因此，利用 Stable Diffusion 为人物照片更换背景，不仅可以提升图片质量，还能突出人物、创造新的风格。以下以汉服人物换背景为例，展示具体的操作步骤。

01 准备一张人物照片，进入Stable Diffusion Inpaint Anything界面，上传人物照片，在Seg预览图中用画笔涂抹人物区域，选中Invert mask复选框，单击Creat Mask按钮，如下页上左图所示。

02 单击Send to img2img inpaint按钮，把原图和蒙版发送到"图生图"功能中的"上传重绘蒙版"选项区域中，选择一个真实感的大模型，这里选择的是majicmixRealistic_v7.safetensors，在提示词框中输入对新背景的描述，这里输入的是masterpiece,best quality,reality,sky,palace,chinese architecture,city

wall,tower,chinese style，如下右图所示。

03　"蒙版模式"选择"绘制蒙版内容"，"蒙版蒙住的内容"选择"原图"，"绘制区域"选择"全图"，
　　"采样步数"值设置为20，"采样器"选择DPM++ 2M Karras，尺寸与原图保持一致，这里是1024×1552，
　　"重绘强度"值调大一点儿，这里是0.75，其他参数保持默认，如下图所示。

04　单击"生成"按钮，人物照片的背景发生了变化，人物与背景融合得也非常自然，如下左图所示。如果想更
　　换照片背景风格，只需更换大模型以及简单调整修改提示词即可，这里将大模型改为二次元风格模型又生成
　　了一张图片，如下右图所示。

11.14 为电商产品更换背景

在传统的电商摄影流程中，若要为某款产品拍摄宣传照片，通常需要搭建与产品风格相匹配的环境，这一过程既费时又费力。然而，如今借助 AI 技术，我们可以轻松地解决这一问题。只需拍摄白底商品图片，再利用 AI 生成合适的背景，最后将商品与生成的背景完美融合即可。接下来，将以女士背包为例，详细讲解操作步骤。

01 准备一张商品的白底图，进入Stable Diffusion文生图界面，将底模切换为写实类模型，这里选择的是Chilloutmix-Ni-pruned-fp16-fix.safetensors。在提示词文本框中输入对产品新场景的描述，这里输入的是masterpiece,women's bag,((pink flower:1.1)),blurry background,still life,indoors,perfume bottle,cosmetic bottles,ribbon outlookbest quality，添加LoRA模型"好机友电商模型PLUS"，设置权重值为0.8，如下图所示。

02 "采样步数"值设置为30，"采样器"选择DPM++ 2M Karras，尺寸设置为512×768，"提示词引导系数"值设置为7，其他设置保持默认，如下左图所示。

03 单击ControlNet按钮，进入ControlNet Unite 0界面，选中"启用""完美匹配像素""允许预览"复选框，上传商品白底图，这里是为了控制商品的形状不变，Control Type选择Canny(线条)，"预处理"器选择canny，模型选择control_v11p_Stable Diffusion15_canny，其他参数保持默认，单击¤按钮，生成预览图，如下右图所示。

04 单击"生成"按钮，一张新的产品背景图片就生成了，如下页上图所示。但是这里的产品与原产品图发生了变化，需要用Photoshop替换原产品图片。

05　进入Photoshop，打开商品白底图片和新的产品背景图片，用"对象选择工具"为产品白底图片中的产品创建选区，按快捷键Ctrl＋J用选区创建新图层，如下左图所示。

06　将新建图层拖至新的产品背景图片中，调整产品位置以及大小，与图片中的产品重合即可，如下右图所示。

07　将图片导出保存，进入Stable Diffusion"图生图"界面的局部重绘窗口，单击上传Photoshop中导出的图片，使用画笔涂抹产品边缘，这一步是为了让产品更自然地与背景融合在一起，如下左图所示。

08　将"采样步数"值设置为30，"采样器"选择DPM++ 2M Karras，"重绘尺寸倍数"值设置为2，"提示词引导系数"值设置为7，"重绘强度"值设置为0.45，其他设置保持默认，如下右图所示。

09　单击"生成"按钮，观察生成图片中产品与背景的融合细节，若效果不好继续生成，直到满意为止，这里挑选了一张效果不错的图片，如下页上左图所示，这里还更换了其他背景生成了一张图片，如下页上右图所示。

11.15　利用换脸获得绝美古风照片

在本书的前面章节中，曾详细阐述了如何使用 Midjourney 与 Easy photo 来制作高质量的 AI 写真照片。然而，那种方法由于涉及面部模型的训练，因此耗时较长。接下来，将介绍一种无须训练模型的方法，该方法使用 Stable Diffusion 插件来完成类似的操作。

此方法主要分为两个部分：首先，在 Midjourney 中生成所需的素材；其次，在 Stable Diffusion 中进行换脸操作。如果你具备一定的 Photoshop 操作基础，还可以在最后将图像导入 Photoshop 中，对细节进行进一步的加工处理。

11.15.1　使用Midjourney生成素材

使用 Midjourney 生成素材的具体操作步骤如下。

01 由于本例要创作的是一幅古风效果照片，因此在Midjourney中输入了以下提示词：photo,handsome beauty, delicate face, fair and smooth skin, sharp eyes, wearing white and light yellow Gorgeous Hanfu, flying hair, flowing sleeves, chinese traditional painting style, the style of the ancient tang dynasties, refers to song huizong, wind dancing posture,full body，wind, flower background --v 6.0 --ar 2:3，得到了如下页上左图所示的图像。

02 为了获得一幅古风效果插画，输入了以下提示词：ink painting,line art,handsome beauty, delicate face, fair and smooth skin, sharp eyes, wearing white and light yellow hanfu, flying hair, flowing sleeves, chinese traditional painting style, the style of the ancient sui and tang dynasties, refers to song huizong, wind dancing posture --v 6.0 --ar 2:3，得到了如下页上右图所示的图像。

11.15.2　在Stable Diffusion中换脸

在 Midjourney 中获得素材后，需要在 Stable Diffusion 中通过 roop 插件实现 AI 换脸效果，具体的操作步骤如下。

01 由于roop插件是移植过来的，目前并不十分完善，所以安装前需要相应的运行环境。下载Visual Studio安装包，双击安装包开始安装程序，Visual Studio程序安装完成后会自动弹出Visual Studio社区窗口，选择安装Python开发组件和使用C++的桌面开发组件，单击左下角的"更改"按钮选择安装位置，最后单击右下角的"安装"按钮开始安装，因为这里已经安装过了，所以没有显示"更改"和"安装"按钮，如下图所示。Visual Studio下载地址：https://visualstudio.microsoft.com/zh-hans/downloads/。

02 等待安装完毕，关闭页面，进入Stable Diffusion根目录下的python文件夹，在python文件夹的路径位置框中输入cmd并按Enter键，调用python目录中的命令行，如下图所示。

03 在命令行中输入python -m pip install insightface==0.7.3命令后按Enter键，系统开始下载并安装人脸识别源码insightface，如下图所示。如果下载出现错误，可能是pip版本过低，通过输入python.exe -m pip install --upgrade pip升级 Python 包管理工具 pip 到最新版本，再安装insightface。

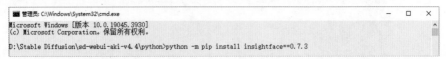

04 配置系统环境变量，在桌面右击此电脑，在弹出的快捷菜单中选择"属性"选项，进入设置界面，在左侧选项栏选择"关于"选项，并单击"高级系统设置"按钮，在弹出的"系统属性"对话框的"高级"选项卡中单击"环境变量"按钮，如下左图所示。

05 在"环境变量"对话框中，选择系统变量框中的Path变量，单击"编辑"按钮，在弹出的"编辑环境变量"对话框中单击"新建"按钮，将Stable Diffusion目录中Scripts文件夹的路径复制进去，这里的路径是D:\Stable Diffusion\Stable Diffusion-webui-aki-v4.4\python\Scripts，根据个人安装路径修改即可，如下右图所示。

06 进入Stable Diffusion扩展插件界面，进入"从网址安装"选项卡，在扩展插件的git仓库网址文本框输入https://github.com/s0md3v/Stable Diffusion-webui-roop，单击"安装"按钮，即可安装roop插件，如下左图所示。这里已经安装过了，所以提示安装错误，如果无法连接到github网站，可以在网盘下载安装包后手动安装。

07 下载网盘中的roop模型，将.ifnude和.insightface文件夹放置在C盘的Administrator文件夹中，这里的路径是C:\Users\Administrator，将inswapper_128.onnx文件放置在Stable Diffusion根目录下的roop文件夹，这里路径是D:\Stable Diffusion\Stable Diffusion-webui-aki-v4.4\models\roop，如下右图所示。

08 重启Stable Diffusion，进入Stable Diffusion图生图界面，将界面滑至底部，就可以看到已经安装好的roop
插件，如下左图所示。

09 由于使用Midjourney生成的素材图片细节不够丰富，所以这里先对素材图片增加细节后再进行换脸。在图生
图选项卡中单击上传Midjourney生成的图片，如下左图所示。

10 将底模切换为写实类模型，这里选择的是majicmixRealistic_v7.safetensors，单击"DeepBooru反向
推导提示词"按钮，使用Stable Diffusion的提示词反推功能，从上传的图片中反推出正确的提示词，再
补充一些画面质量的提示词，这里输入的是best quality,masterpiece,1girl,solo,jewelry,earrings,long
hair,black hair,upper body,hair ornament,blurry,branch,chinese clothes,blurry background,looking at
viewer,dress,realistic,long sleeves,hair bun,from side,flower，如下左图所示。

11 单击ControlNet按钮，进入ControlNet Unit 0界面，选中"启用""完美匹配像素"复选框，控制类型选择
Tile/Blur，预处理器选择tile_resample，模型选择control_v11f1e_Stable Diffusion15_tile，其他参数保持
默认，如下右图所示。

12 "缩放模式"选择"拉伸"，"采样步数"值设置为30，"采样器"选择DPM++ 2M Karras，Resize by选项
中的比例值设置为1.5，这里根据计算机配置适当调整图片尺寸，"提示词引导系数"值设置为7，"重绘强
度"值这里不要调得太大，否则图片容易发生变化，所以设置为0.4，其他设置保持默认，如下图所示。

13 单击"生成"按钮，图片增加了细节，如下页上图所示。这里可以看到图片中的部分细节还是发生了改变，

此时不用处理，等到换脸完成后再导入Photoshop中处理即可。

14 单击图生图选项卡，将生成的图片拖入上传图片窗口。选中roop插件选项，单击上传一张换脸参考图片，如下左图所示，选中"启用"复选框，这里将Comma separated face number值设置为0，如果生成图片有多个人脸时用于确定人脸，Restore Face选择CodeFormer，Restore visibility值设置为1，数值越小换脸程度越低，这里的放大设置与高清放大作用一样，这里暂不设置，模型选择root路径下的模型，如下右图所示。

15 底模保持写实类模型不变，还是majicmixRealistic_v7.safetensors，正向提示词不用填写，反向提示词填写控制画面质量的提示词即可，这里输入的是(worst quality:2),(low quality:2),(normal quality:2),lowres,watermark,nsfw,EasyNegative,坏图修复DeepNegativeV1.x_V175T，如下左图所示。

16 "缩放模式"选择"拉伸"，"采样步数"值设置为20，"采样器"选择DPM++ 2M Karras，Resize to与上传图片保持一致，这里是1344×2016，"提示词引导系数"值设置为7，"重绘强度"值设置为0.01，这里是为了保证除了脸之外的其他部分保持不变，其他设置保持默认，如下右图所示。

17 单击"生成"按钮，这里就将换脸参考图的人物面部换到了原图中生成了一张新的图片，如下左图所示，但是生成的图中还有一些通过Tlie处理过后遗留的瑕疵需要到Photoshop中处理，如下右图所示。

下左图为使用 Midjourney 生成的古风效果图，右下图为使用相同方法换脸后的效果。

11.16　机械艺术字体设计

机械艺术字体设计的具体操作步骤如下。

01 进入AI软件，制作"中国"字体的3D效果，如下页上左图所示。将制作完成的3D字体图片导出到本地。

02 进入Stable Diffusion文生图界面，选择一个艺术性3D大模型，这里选择的是ReVAnimated_v122_V122.safetensors，"外挂VAE模型"选择vae-ft-mse-840000-ema-pruned.safetensors，在提示词框中输入机械科幻类型的词语，这里输入的是hjymechatype,mecha,no humans,science fiction,vehicle focus,shadow,wheel,spacecraft,gradient background,gradient,machinery,robot,grey background,white background,ground vehicle,thrusters,blue led lighting,shining,metal,pip wire on surface,line shape led lighting,chrome,gold trim，如下页上右图所示。

03　添加增强画面及字体效果的LoRA模型，单击LoRA按钮，选择"好机友机械类型"LoRA模型和"好机友科幻"LoRA模型，权重值设置为0.65，如下左图所示。

04　单击"ControlNet选项"按钮，进入"ControlNet单元0"单张图片界面，选中"启用""完美像素模式""允许预览"复选框，单击上传"中国"艺术字底图，如下右图所示。

05　ControlNet控制类型选择Canny (硬边缘)，"预处理器"选择canny，"模型"选择control_v11p_Stable Diffusion15_canny，"控制权重"值设置为1，其他参数保持默认，单击¤按钮，生成预览图，如下图所示。

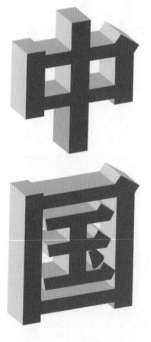
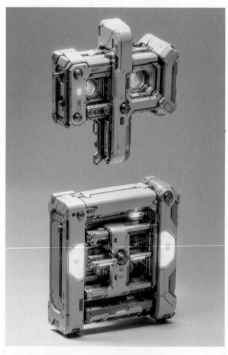

不仅是字体，这里还生成了机械类型风格的 Logo，效果非常震撼，如下页上图所示。

11.17　漫画版节气海报设计

漫画版节气海报设计的具体操作步骤如下。

01 进入AI软件，制作"立春"字体的3D效果，如下左图所示。将制作完成的3D字体图片导出到本地。

02 进入Stable Diffusion文生图界面，选择一个艺术性3D大模型，这里选择的是ReVAnimated_v122_V122. safetensors，外挂VAE模型选择vae-ft-mse-840000-ema-pruned.safetensors，在提示词框中输入对立春节气的描述，可以是立春的季节、民俗、风景、天气等能让人看到就能联想到立春的元素，这里输入的是 masterpiece,best quality,rich in details,rich color,spring festival,everything resuscitation,sprout,flower wall,gaden,garden design,warm,sun,suneate,green plants,outing,vegetable plot,thunder and lightning,spring rain,floating island,in spring,flower,mushroom,butterfly,insect,Illustrative style，如下右图所示。

03 添加增强画面及字体效果的LoRA模型，单击LoRA按钮，选择"好机友QQ"LoRA模型和"Style under Jrpencil"LoRA模型，权重值分别设置为0.6和0.4，如下左图所示。

04 单击"ControlNet选项"按钮，进入"ControlNet单元0"单张图片界面，选中"启用""完美像素模式""允许预览"复选框，单击上传"立春"字体图，如下右图所示。

05 ControlNet控制类型选择Canny (硬边缘)，"预处理器"选择canny，"模型"选择control_v11p_Stable Diffusion15_canny，"控制权重"值设置为2，其他参数保持默认，单击¤按钮，生成预览图，如下左图所示。

06 "迭代步数"值设置为30，"采样方法"选择DPM++ 3M Stable DiffusionE Exponential，尺寸与"立春"字体图保持一致，这里是512×768，选中"高分辨率修复"复选框，"放大算法"选择Latent，"高分迭代步数"值设置为0，"重绘幅度"值设置为0.7，"放大倍数"值设置为2，"提示词引导系数"值设置为7，其他设置保持默认，如下右图所示。

07 单击"生成"按钮，漫画版的立春节气海报就制作完成了，如下左图所示。这里又更换了其他的LoRA模型，也生成了不错的效果，如下右图所示。

11.18 **清新艺术字体海报设计**

清新艺术字体海报设计的具体操作步骤如下。

01 启动Photoshop，制作"清明"字体的平面效果，如下页上左图所示。将制作完成的平面字体图片导出到本地。

02　进入Stable Diffusion文生图界面，选择一个2.5D的大模型，这里选择的是25DWorld_v6.safetensors，外挂VAE模型选择vae-ft-mse-840000-ema-pruned.safetensors，在提示词框中输入关于清明节气的描述，这里输入的是((Flowers)),((Grassland)),grassland,river,(rain),((raindrop)),(forest),flowers all over the ground,blue sky and white clouds,colorful,abstract,whimsical,fantasy,floating island,waterfall,magical light effect,masterpiece,super detailed,3D,super rich,super detailed,32k,jade,light green,blue sky,white clouds,(grassland),Chinese architecture,((green)),in spring,(simple background:1.2)，如下右图所示。

03　添加增强画面及字体效果的LoRA模型，单击LoRA按钮，选择"好机友国风山水"LoRA模型和"好机友国风写意山水"LoRA模型，权重值分别设置为0.4和0.7，如下左图所示。

04　单击"ControlNet选项"按钮，进入"ControlNet单元0"单张图片界面，选中"启用""完美像素模式""允许预览"复选框，单击上传"清明"字体图，如下右图所示。

05　ControlNet控制类型选择Canny (硬边缘)，"预处理器"选择canny，"模型"选择control_v11p_Stable Diffusion15_canny，"控制权重"值设置为2，其他参数保持默认，单击 ¤ 按钮，生成预览图，如下左图所示。

06　"迭代步数"值设置为28，"采样方法"选择DPM++ 3M Stable DiffusionE Exponential，尺寸与"立春"字体图保持一致，这里是512×768，选中"高分辨率修复"复选框，"放大算法"选择Latent，"高分迭代步数"值设置为0，"重绘幅度"值设置为0.7，"放大倍数"值设置为2，"提示词引导系数"值设置为7，其他设置保持默认，如下右图所示。

07 单击"生成"按钮，清明清新艺术海报就制作完成了，如下左图所示。这里又更换了其他的LoRA模型，也生成了不错的效果，如下右图所示。